盐渍土原位浸水载荷
试验分析与研究

Yanzitu Yuanwei
Jinshui Zaihe
Shiyan Fenxi
yu Yanjiu

魏明强 主编

甘肃科学技术出版社
（甘肃·兰州）

图书在版编目（C I P）数据

盐渍土原位浸水载荷试验分析与研究 / 魏明强主编
. -- 兰州 : 甘肃科学技术出版社, 2023.6
ISBN 978-7-5424-3061-8

Ⅰ. ①盐… Ⅱ. ①魏… Ⅲ. ①盐渍土－浸水试验－地基载荷试验－研究 Ⅳ. ①TU470

中国国家版本馆CIP数据核字(2023)第118105号

盐渍土原位浸水载荷试验分析与研究

魏明强　主编

责任编辑　史文娟
封面设计　史春燕

出　版　甘肃科学技术出版社
社　址　兰州市城关区曹家巷1号　730030
电　话　0931–2131572（编辑部）　0931–8773237（发行部）

发　行　甘肃科学技术出版社　　印　刷　甘肃城科工贸印刷有限公司
开　本　880毫米×1230毫米　1/32　印　张　6.5　字　数　140千
版　次　2023年9月第1版
印　次　2023年9月第1次印刷
书　号　ISBN 978–7–5424–3061–8　　定　价　49.80元

前　言

随着高速铁路修建里程的不断增加，高速铁路不仅通过了一些地质条件良好的路基，同时也越来越多的会通过一些特殊土路基,如盐渍土路基。目前全世界对于盐渍土的工程特性已有大量研究。以苏联科学家为代表的国外学者对盐渍土的溶陷变形规律、盐分溶解和扩散的基本特点、渗流性质及潜蚀问题进行了广泛的研究,对盐渍土的工程特性有了较为全面的认识。在中国,随着青藏铁路等西部盐渍土地区建设项目的实施，盐渍土的溶陷特性所带来的危害已逐渐得到学者的关注。现阶段,对于盐渍土溶陷特性的研究大多集中于细颗粒盐渍土以及普通盐渍土地基的变形控制,随着高铁穿越粗颗粒盐渍土地区以及高铁对路基变形量更加严格的要求,需要我们对粗颗粒盐渍土路基溶陷特性有更精细的判定。

盐渍土现场浸水载荷试验，是在常规载荷试验基础上结合盐渍土溶陷特性实施的,通过本试验可以最直接地观测溶陷量、溶陷系数以及地基承载力。其中浸水深度的确定规范上推荐采用钻探、挖坑以及瑞利波法，本书采用了沉降板拟合来确定浸水深度零点位置,最终计算采用了等效深度,取得了较好的效果。本试验以兰州交通大学科与中铁二院的研究项目“德伊高铁盐渍土工程特性及路基修建关键技术研究”为依托,该高铁沿线广布含盐母岩,造成线路沿线覆盖层大多含盐，经初步地质调查及取样分析，覆盖层多为盐渍土。盐渍土地基土体中的结晶盐，起土颗粒骨架作用，遇水会使土中部分或全部结晶盐溶解，强度降低，以致在附加荷载作用下，会产生溶陷变形，因此在铁路设计阶段有必要对沿线盐渍土地基做出溶陷性评价。本书的研究根据地质勘查资料并考虑不同地层的结构差异，结合现场实际情况，共选取 10处具有代表性地层进行现场溶陷试验，得出了溶陷量、溶陷系数以及地基承载力，为该线路的设计提供依据。该书对于盐渍土原位浸水载荷试验，提供了一种现场解决方案，并得出试验地不同类型盐渍土的溶陷特征。可供土木工程专业岩土工程类学习和研究人员阅读。

本书由西北民族大学中央高校基本科研业务：冻土环境下的桩基础承载力变化机理及控制策略研究(31920210079)支持，由西北民族大学魏明强主编。由于水平所限，书中难免存在诸多缺陷与不足之处，敬请各位读者、专家老师批评指正。

编者

2023年5月

目　　录

1 概 述

1.1 盐渍土溶陷研究现状及意义

由于会发生溶陷的地基一般都位于盐渍土地区，所以对溶陷性地基的研究是随着盐渍土的深入研究而开展的。到目前为止，盐渍土作为地基材料，对其工程性质的研究还处于初始阶段，对盐渍土地区的修建大型基础建设时所遇到的设计、施工等方面的问题有好多还没有解决。

就已有盐渍土的研究情况来看，在国外，苏联的加盟共和国由于科技历史原因，取得了丰富和系统的研究成果。在国内，由于西部大开发战略实施，西部盐渍土地区进行的铁路、交通等领域的建设工作较多，在相关科研人员的努力下取得很多的研究成果和相关经验，但大部分成果是针对具体项目提出来的，对系统的研究比较欠缺。对盐渍土地基的基本工程性质的研究，缺乏深度。国外盐渍土溶陷特性所带来的问题认识较早，从20世纪40年代开始，苏联科学家为了测定盐渍土溶陷变形情况，对盐渍土的形成和分布规律进行了系统研究，其中重点研究了硫酸盐盐渍土的溶陷和盐胀方面的特性。阿斯兰诺夫研究了在水的作用下盐渍土中盐分的溶解和扩散的基本规律。穆斯塔耶夫通过数学的方法对水在盐渍土中的渗流性质和潜蚀问题进行了深入研究,取得了很多成果。

自20世纪 60 年代开始，由于一些建设项目在西部地区实施，盐渍土对工程的影响已经得到了重视。从20世纪70年代开始,由于青藏铁路的启动,对盐渍土地基做了大量的试验研究和工程实践,铁路系统科研、设计单位等对察尔汗盐湖地区盐渍土的工程特性、成因、分布以及对路基的危害与治理措施等进行了许多试验与研究,取得了很多重要的成果。另外,随着地区建设的需要,新疆、甘肃等盐渍土分布较广地区的建筑交通等部门结合当地的实际情况,对盐渍土进行过研究。20世纪80年代以后,随着中国对盐渍土地区的开发和建设的需要,在盐渍土地基溶陷性方面,国内许多单位和个人依托工程实际进行了不少研究工作。对青海、新疆等许多地区盐渍土的溶陷性做了不少现场浸水荷载试验，并对其盐渍土地基的溶陷规律和溶陷性做出了科学的评价。

对盐渍土地基的处理,中国学者做过许多试验和探索。例如新疆建筑勘察设计院、天津大学等单位对直接强夯加固盐渍土或盐渍土浸水预溶后再强夯的地基处理方法进行过试验和分析；对利用化学方法处理盐渍土地基,也有过一些试验和研究,如肖正华、沈麟曾等均采用过人工灌注氯化钙治理盐渍土的路基；冶金部建筑研究总院也进行了盐化处理建筑物地基的试验研究，并成功地应用于工程中。随着建设的需要,对盐渍土地基深入的研究和相关工程的实践积累了大量的成果，这些成果也逐步体现在了中国各个行业的技术标准、设计手册中。1992年出版的《盐渍土地区建筑规范》是中国第一部在盐渍土领域对建筑物地基有关勘察、设计和施工进行指导的规范，它全面地反映了中国盐渍土领域的研究水平。总体而言,在盐渍土领域还有很多问题待进一步深化,尤其是对地基处理方法的研究方面，以期研究出合理、经济和安全的地基处理方法。随着对盐渍土溶陷认识的深入，在一定的理论基础上发展了溶陷地基处理技术，如浸水预溶、强夯法等。

目前，对于盐渍土的工程特性以及盐胀与溶陷机理的研究基本围绕细颗粒展开，国内外也有很多相关研究和经验，但对结构构造及工程特性明显存在差异的粗颗粒盐土的盐胀与溶陷机理的研究尚没有成熟的理论支撑。同时，现行国家标准《盐渍土地区建筑技术规范》(GB/T 50942—2014)中关于盐渍土盐胀、溶陷的判定及评价标准不能满足高速铁路的要求。此外，现有关于盐渍土的分类研究大多基于公路及普通工业民用建筑的要求展开，而针对高速铁路变形控制标准进行的盐渍土精细化工程分类，国内外尚未有系统的研究。随着高速铁路工程在盐渍土地区的推进，现有的适用于公路及普速铁路的修建规范要求已不能满足盐渍土地区高速铁路高标准的变形控制要求，建立高速铁路地基盐胀、溶陷判定评价标准及针对高速铁路修建标准的盐渍土工程分类的研究势在必行。

盐渍土与其他土类相比较，其最大的特点就是在水、热、力学方面的不稳定性。在盐渍土地区进行铁路工程建设，必须正确区分盐渍土与非盐渍土，划分盐渍土的类别与等级，然后再确定铁路设计原则及其相应的处置措施。关于盐渍土的判别与分类，近年来在国内外开展了许多有益的研究工作，并结合生产实践纷纷制定了各自的盐渍土技术规范和盐渍土分类系统。结果表明，从不同的使用目的出发，采用不同的特性指标，建立的判别与分类系统是有差别的。

中国道路工程中对盐渍土盐胀和溶陷判定评价标准主要是根

据盐渍土地区地基病害对工程的破坏程度来制定的。现行《新疆盐渍土地区公路地基路面设计与施工规范》(XJTJ 01—2001)对盐渍土盐性的判别基本沿用了苏联的分类方法，对盐渍化程度的分类是从细粒土和粗粒土角度出发，针对氯盐渍土与亚氯盐渍土、亚硫酸盐渍土与硫酸盐渍土，从盐胀、溶陷破坏程度入手，分别提出了弱、中、强、过盐渍土。《铁路特殊地基设计规范》(TB 10035—2006)中对盐渍土按盐渍化程度的评价沿用了《新疆盐渍土地区公路地基路面设计与施工规范》(XJTJ 01—2001)的方法，并针对铁路修建要求对硫酸钠含量及盐胀、溶陷变形的取值进行了调整。《盐渍土地区建筑技术规范》(GB/T 50942—2014)针对土体盐渍化程度及工程质量之间的关系，在工程分类标准中采用盐渍土易溶盐含量为分类标准，根据对工程的危害性等级的评价，细化了盐渍土中含盐量的分类标准。

对于铁路工程而言，地基是线形构筑物，需跨越不同的地质、地貌单元，盐渍土的工程性质差异很大，现有盐渍土地区的设计规范大多针对公路、普速铁路地基及工业、民用建筑地基基础设计而制定的，尚未有明确针对高速铁路地基变形控制而制定的高速铁路地基盐胀、溶陷变形评价标准及对粗细颗粒盐渍土的工程分类的研究。同时，现行盐渍土工程分类以含盐量作为单一标准来划分盐渍土等级，没有考虑粗细颗粒盐渍土工程性质的差异，更没有考虑含水量、含盐量、颗粒级配等因素共同作用下的盐渍土盐胀、溶陷特性的变化特点，实践证明此分类方法存在许多不足之处。盐渍土地区高速铁路地基盐胀、溶陷判定评价标准及盐渍土的工程分类对铁路工程设计建设及病害治理措施的制定影响甚深，选择合理的指标对反映盐渍土的工程特性至关重要，展开适用于高速铁路修建标准的盐渍土工程分类的研究具有紧迫而现实的意义。

1.2 溶陷试验的主要内容

本试验以德黑兰至伊斯法罕铁路项目为依托，该铁路项目沿线广布含盐母岩，造成线路沿线覆盖层大多含盐，经初步地质调查及取样分析，覆盖层多为盐渍土。盐渍土地基土体中的结晶盐起土颗粒骨架作用，遇水会使土中部分或全部结晶盐溶解，强度降低，以致在附加荷载作用下，会产生溶陷变形，因此在铁路设计阶段有必要对沿线盐渍土地基做出溶陷性评价。

德伊高铁库姆地区分布大面积盐渍土荒漠，地形较平坦、地貌单一、场地内无不良地质，特殊性岩土为硫酸盐盐渍土，部分地段含盐层厚度大于70m。现对选取的代表性点位进行现场浸水载荷试验，测定在模拟不同降雨浸水条件下盐渍土地基的沉降随时间的变化曲线、溶陷系数以及地基变形模量和承载力特征值。

2 试验所在区域盐渍土的分布规律及工程特性研究

2.1 盐渍土的分布

2.1.1 世界盐渍土分布

盐渍土主要分布在荒漠与半荒漠地区，全世界荒漠和半荒漠带大约占有3500万km^2，占干旱气候带面积的39%或占所有大陆表面的10%。

在亚洲，盐渍土分布在西伯利亚、蒙古国、中国的东北部及中部、伊朗、阿富汗、巴基斯坦和印度（在恒河和印度河的阶地上）。在小亚细亚半岛（土耳其）、阿拉伯半岛，以及伊拉克、叙利亚也有盐渍土分布。在非洲的东部、南部和北部，尤其在尼罗河三角洲上，以及利比亚等地都有相当大面积的盐渍土分布。在澳大利亚也同样有广泛的盐渍土分布。在欧洲，法国的南部、西班牙、意大利、罗马尼亚、匈牙利、乌克兰的南方和近里海地区均有盐渍化土壤。在美国，盐渍土主要分布在西部和加利福尼亚州，同样在加拿大、墨西哥、阿根廷、智利和秘鲁的某些地区也有盐渍土分布。

2.1.2　中国盐渍土分布

(1)中国盐渍土分布

中国盐渍土分布示意图是徐攸在等学者根据中华人民共和国土壤图以及近若干年来我国各部门在各地进行工程地质勘察的资料编制出来的。

中国西北的戈壁和沙漠地区,不少地方含盐量较高,属于盐渍土地区,但地基并不都是盐渍土,具体情况有待进一步通过试验等来验证。

中国的盐渍土主要分布在西北干旱地区的新疆、青海、甘肃、宁夏、内蒙古等地势低平的盆地和平原中。其次,在华北平原、松辽平原、大同盆地以及青藏高原的一些低洼湖泊,也都有分布。另外,滨海地区的辽东湾、渤海湾、莱州湾、海州湾、杭州湾以及诸海岛沿岸,也有相当面积存在。

盐渍土中有一些以含碳酸钠或碳酸氢钠为主的盐类，碱性较大(pH为8~10.5),称为碱土,湿时膨胀、分散、泥泞,干时收缩,这主要是由于其吸附钠离子具有高度的分散性造成的。这些碱土盐渍土主要分布在东北的松辽平原,华北的黄、淮、海河平原,内蒙古草原以及西北的宁夏、甘肃、新疆等地的平原地区。

中国盐渍土的分布与世界上各国盐渍土的分布规律相似,总是与干旱、半干旱和半湿润的气候及水分状况相联系的。

中国的干旱、半干旱和半湿润的区域很大,这些地区具有较强的积盐条件,盐分来源的途径多样,因而盐渍土的分布范围很广。从最高的青藏高原到低于海平面的吐鲁番盆地，从东海之滨到西北的内陆,从南到北,从东到西都有分布。

除了滨海盐渍土之外,中国盐渍土主要分布在淮河、秦岭、昆仑山一线以北的广大地区，这条界线正好与干燥度等于1的分界线相吻合。

中国盐渍土分布比较集中的地区有：滨海地带、黄淮海平原、松辽平原、晋陕山间河谷盆地、宁夏、内蒙古河套平原、甘肃河西走廊、新疆准噶尔盆地和塔里木盆地、青海柴达木盆地以及青藏的羌塘高原等地。

以下分别介绍滨海地区、黄淮海平原、东北平原、河西走廊、准噶尔盆地、塔里木盆地、柴达木盆地的盐渍土分布情况。

(2)滨海地区盐渍土

中国大陆海岸线长约有1.8万km(不包括岛屿的海岸线)，在这个漫长的滨海地带，分布着大面积的滨海盐渍土。从北到南有辽河、滦河、海河、黄河、淮河、长江、钱塘江、闽江、韩江、珠江等大中河流，每年源源不断携带着大量的泥沙入海，在波浪、海流、潮汐、风力等动力作用和人类经济活动影响下，新的海涂仍在不断形成和扩大。

滨海盐渍土区具有两个有利于积盐的条件：一是受海水浸渍，有充足的盐源；另一个是地形低平，排水不畅。它的形成直接发育于海水浸渍的盐渍淤泥之上，其积盐过程先于成土过程，这与其他地区的盐渍土的形成明显不同。

土壤和地下水的含盐状况，与海岸线平行，呈有规律的带状变化，从海岸向内陆的方向，土壤含盐量越来越少，地下水矿化度亦越来越低。中国的海岸线南北跨纬度几十度，属于不同的生物气候带，因此，滨海盐渍土的含盐类型不同，从北到南大致可分为如下三段。

①渤海滨海段

渤海滨海段包括辽宁、河北、天津、山东等省市。年蒸发量为1800mm左右，年降水量约为500~700mm，蒸降比为2.5~3.5。该区域的盐渍土土质较细、土层深厚、平坦连片、比较肥沃，但淡水资源短缺，盐碱含量较高，盐分组成以氯化物为主，在辽河、滦河下游局部地段有苏打累积。

②黄海、东海滨海段

黄海、东海滨海段包括江苏北部、上海、浙江等省市。年蒸发量为1000mm左右，年降水量为800~1000mm，蒸降比接近1。分布在这一带的滨海盐渍土以江苏省北部沿海一带最为集中，这一带也是中国泥质海岸的主要分布地段，赣榆、灌云、滨海、射阳、大丰、东台、如东、启东等县均有连片分布，在上海市崇明岛的边缘和上海市东南部的郊县亦有滨海盐渍土的分布，在浙江的萧山至余姚一线，亦有连片分布。

③南海滨海段

南海滨海段包括福建、台湾、广东、广西等省(区)和海南岛，由于海岸线曲折漫长，港湾岛屿较多，滨海盐渍土一般为零散分布。

(3)黄淮海平原地区盐渍土

黄淮海平原包括北京、天津、河北、山东、河南、安徽北部和江苏北部等五省二市，是中国最平坦的大平原之一。本区主要是由三大水系(黄河水系、淮河水系、海河水系)堆积成的大平原，所以称为黄淮海平原。

黄淮海平原处于中国中纬度，属暖温带半湿润季风区，春旱多风，气温回升快，夏季高温多雨，冬季寒冷干燥。年蒸发量1500~2200mm，年降水量500~800mm，蒸降比为2.5~4.0。

由于黄河及其他河流多次改道和泛滥，造成了岗洼起伏，地形大平小不平，砂黏交错沉积，排水不畅，极易成涝。平原上的中地形和微地貌的变化，引起土壤水盐的局部重新分配。由于岗地地势相对较高，地下水位为3~5m，无盐渍化或只有轻微盐渍化；而洼地地下水位较高，由于每年有季节性积水，将盐分压向边缘，盐渍化也较轻；只有在二坡地和低平地以及淤浅的河道和古河道两侧，极易发生土壤盐渍化。

本区各大河主要来自中上游的山地和黄土高原，可溶性盐类顺着地形从高到低，有明显的地球化学分异。在洪积–冲积扇平原上部，多为重碳酸盐和碳酸盐累积带；在平原的中部为氯化物–硫酸盐，在下部则为硫酸盐–氯化物分布带；在平原内水盐汇聚地段及邻近滨海平原的地区，为氯化物累积带。就整个平原来看，地下水的化学组成和矿化度的变化，亦随地形由高到低，与土壤盐类分异相一致。

本区在季风气候的影响下，土壤具有明显的季节性积盐和脱盐交替过程，同时是在高地下水位和低矿化条件下进行的，所以本区主要的积盐特征是土壤盐分强烈的表聚性特别突出，积盐层主要集中在表层几厘米土层之中，心、底土含盐很少。

(4)东北平原

东北平原位于大兴安岭、小兴安岭和长白山地之间，包括辽宁、吉林、黑龙江等省。南北长超过1000km，东西宽约400km，面积约为35万km^2，是中国最大的平原。

东北平原可分为三部分：在东北部主要是由黑龙江、松花江和乌苏里江冲积而成的低湿的三江平原；南部主要是由辽河冲积而成的辽河平原；中部则为松花江和嫩江冲积而成的松嫩平原。但人们习惯把辽河平原和松嫩平原合称为松辽平原。东北平原气候的特点是，夏季温和湿润，冬季严寒，并有漫长的积雪期，土壤冻结期长，北部冻结达半年之久，中南部也有3~5个月的冻结期。年蒸发量为1100~2000mm，年降水量500~1000mm，蒸降比为2.5~3.0。

三江平原海拔低（约50m），是典型的低平地，沼泽化严重，排水不畅，极易发生内涝。辽河平原海拔也很低，下游河道弯曲，比降很小，河口又受海潮顶托，宣泄不畅，也易发生内涝。所以盐渍化土壤比较集中分布于松嫩平原和辽河平原西部的低洼地带。

东北平原盐渍土多为苏打盐渍土和草甸构造碱土，它们是在草甸沼泽土、暗色草甸土、草甸黑钙土及黑土等基础上发生发展的，同时大多数呈斑状分布在这些土壤的中间。东北平原主要以苏打累积为主，其中以松嫩平原的安达、肇源等地较为集中。苏打主要来自于火成岩风化产物和深层石油水以及生物还原作用。土壤和地下水的盐分组分都以HCO_3^-和Na^+为主，土壤含盐量不高，主要集中累积在表层几厘米的土层之中，心、底土含盐量很少。

（5）河西走廊

河西走廊位于甘肃省西部，介于祁连山与北山（为龙首山-合黎山-马宗山的总称）之间，为东南-西北向的狭长地带，因其位于黄河之西而得名。河西走廊东西长近1000km，南北宽约数十千米，海拔一般为1~1.5km，为祁连山的山前洪积-冲积缓坡平原。

河西走廊属温带干旱荒漠，降水量自东向西迅速减少，年降水量一般为40~150mm。年蒸发量2000~3000mm。

河流属内陆闭流水系，主要有石羊河水系、黑河水系和疏勒河水系，都是来源于祁连山的冰雪融水和中高山降水，自南向北流，形成祁连山山前广大的洪积-冲积平原。在河流的下游有自成单元的平原、湖盆和洼地，这些湖盆成为化学径流的归宿。

从山麓至盐湖，随着不同的地貌部位，形成不同的土壤盐渍化类型。在祁连山山前扇形地，砂砾堆积厚度达700~800m。在洪积-冲积扇的中、上部，为广阔的砾质戈壁，植被稀疏，分布有残余盐土；在洪积-冲积平原的前缘，土壤颗粒变细，并有泉水出露，分布着盐化草甸土和草甸盐土等，镁质碱化土壤多数分布在扇缘地下水溢出带的部位上。镁质碱化土壤的主要特征是，在剖面10~80cm处，普遍有青白色或青灰色土层，其化学组成主要为HCO^-和Mg^{2+}，pH在9以上，由于具有特殊的青白土层，当地人称之为青白土。从东到西，由民勤县到玉门镇均有镁质碱化土壤的分布，但以酒泉、边湾、玉门等地较为集中。

在扇缘之外，地下水位又随之降低，主要分布着普通盐土（原称典型盐土）和其他盐渍化土壤。

在河流的中下游，如石羊河、黑河和疏勒河的中下游平原地带，地下径流缓慢，矿化度增高，土壤普遍发生盐渍化，多盐土。在疏勒河下游有大面积坚硬结壳的盐土，其厚度为5~10cm，含盐量极高。

（6）准噶尔盆地

准噶尔盆地位于新疆天山以北，在天山与阿尔泰山之间。西北、东北和南面均被高山所包围，成为一个不等边的三角形。盆地四周的山岭有许多缺口，来自北冰洋的水汽可以进入盆地，因而降水量在150~200mm。气候干燥，冬季寒冷，盆地内景观较为多样，有草原、沙漠、盐湖、沼泽，还有大片盐碱化土壤等。

除额尔齐斯河流注入北冰洋的喀拉海之外，其余皆是内流水系。在盆地北部，额尔齐斯河和乌伦古河流域，因河流下切，河滩狭窄，只在小河流的沿岸和干三角洲的下部以及在泉水出露、湖泊沼泽周围有盐渍土的分布。由于额尔齐斯河和乌伦古河的水的化学类型是苏打水，HCO^-离子约占阴离子含量总数的60%~90%，苏打-硫酸盐盐渍化土壤有广泛的分布，土壤中苏打的累积与河水和地下水含有苏打有关。塔城地区的额敏河亦有类似的情况。

在乌伦古河的左岸，有龟裂碱化土的分布，通常为光板地，地面龟裂成不规则的多角形，具有碱化特征，pH在9.0左右，就整个盆地而言，玛纳斯河以东，为古尔班通古特沙漠，它占据很大的面积（4.73万km^2），发源于天山的许多河流的末端或湮灭在沙漠的边缘，或形成沼泽，或注入艾比潮和玛纳斯湖。盆地的绿洲主要分布于盆地的南缘（即天山的北麓）。

盐渍土主要集中分布于广大的古老冲积平原上，如奇台、石河子、乌苏、精河和博乐之间，都有连片的分布；在玛纳斯湖和艾比湖的周缘也有大面积分布；在湖滨阶地有残余盐土分布；此外，在古老的冲积平原上，有大片的龟裂碱化土的分布，其中以玛纳斯河平原较为集中。

（7）塔里木盆地

塔里木盆地位于天山以南，昆仑山和帕米尔高原之间，近似一个菱形，东西长约1500km，南北宽约600km，是中国最大的盆地。盆地年降水量小于10mm，其中若姜、吐鲁番的年降水量只有10mm多一些。蒸发量约为2000~3000mm，蒸发强烈，干旱少雨，易溶性盐类大量积累。

（8）柴达木盆地

柴达木盆地是由昆仑山、阿尔金山和祁连山所环抱的大盆地。东西长约850km，南北宽约250km。

发源于昆仑山和祁连山的河流有40多条，为内陆向心水系，它们都是注入湖泊或中途湮灭于戈壁荒滩之中，其中比较大的，是对农业有影响的河流，包括巴音河、香日德河(又称柴达木河)、格尔木河、诺木洪河等。

盆地四周山地的风化物质，有经常性水流和间歇性的水流(有时为山洪)带入盆地，与所有极端干旱地区类似，山前洪积倾斜平原十分发育。盆地的主要特点是由于地质构造运动的剧烈变化，盆地内部隆起地段与沉陷地段发生了逆变，原来的古柴达木湖解体，使盆地湖泊遍布，盐类的化学沉积相当广泛，形成丰富多彩的盐类矿床。自第三纪晚期以来，盆地内出现过两次聚盐盛期：

①在上新世，主要在盆地西部的塌陷区，大约在马海、冷湖、油沙山、芒崖、里平所围绕的范围，硫酸盐类；

②到了晚更新世至全新世时期，西部反而隆起，原来的大潮解体，而盆地的中部偏东南的广大地区反而塌陷，这样，原来西部的盐类和晶间卤水，变成了一个很大的盐源，流向盆地的中部和东南部，大量氯化物盐类沉积，形成石盐矿床和内陆钾盐矿床。

“柴达木”蒙古语为“盐泽”，整个盆地实质上是个大湖盆，从四周汇集来的化学径流，全部汇集在盆地，无论是大量可溶性盐类还是微量元素都呈富集状态。根据探测资料统计，有的在1km的剖面中，盐类沉积竟达到200m。

上述情况，说明了柴达木盆地的湖泊演变过程与盆地盐滩的广布、土壤盐渍化普遍(其中许多是残余的)以及各种盐类富集有密切的关系。

目前，柴达木盆地的湖区，还在进行着化学沉积，随着湖水面的日益缩小，盐泥、盐壳也随之逐渐发育，所以盐渍土总是围绕着湖区呈环状有规律的分布。就大的湖区而言，从湖中心算起，向山麓一侧延伸,可以依次发现如下的顺序:化学沉积仍在进行的湖泊水体、盐淤泥出露、盐壳、沼泽盐土、沼泽草甸盐土、草甸盐土、砾质石膏盐盘残余盐土。

2.2 盐渍土的成因对分布规律的影响

盐渍土是在不同的影响因素作用下形成和发展的，其分布规律与其成因类型及影响因素密切相关。

2.2.1 盐渍土的成因及主要成因类型

(1)盐渍土的成因

盐渍土的成因由当地的地形、气候和水文地质等自然因素决定。当然,人类活动也会使本来不含盐的土层产生盐渍化,生成次生盐渍土。总之,盐渍土的成因,不外乎以下几点,如图2-1。

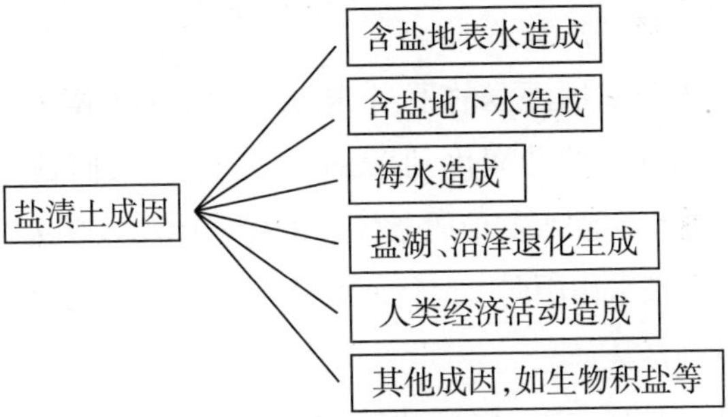

图2-1 盐渍土的成因

①含盐的地表水造成

在干旱地区,骤降暴雨等形成的地表径流,在其溶解了沿途的盐分后成为含盐的地表水，在强烈的地面蒸发下，其流程一般不长,水中的盐分即在地表及地表一定深度下聚集,形成盐渍土。

②含盐的地下水造成

在毛细水作用下，地下水中的盐分随水溶液而上升，如果在毛细管带范围内，因湿度降低(地表蒸发)或温度降低，都会使毛细水中盐分析出，形成盐渍土。

③海水造成

海水通过海潮侵袭或因海面上飓风等方式直接进入滨海陆地地面，经蒸发，盐分析出并积聚在土中，形成盐渍土。另外，海水还会通过直接补给沿岸地下水，在地表蒸发作用下，通过毛细水作用积聚在土体表层，形成盐渍土。

④盐湖、沼泽退化生成

一些内陆盐湖或沼泽在新构造运动和气候的变化下退化干涸，生成大片的盐渍土。

⑤人类经济活动造成

由于人类发展灌溉的不当，造成了两方面的影响，一方面是矿化的水直接使土壤盐渍化，形成盐渍土，另一方面是恶化了一个地区或流域的水文和水文地质条件，引起土体和地下水中的水溶性盐类随土体毛细水作用向上运行而积聚于地表，造成了土的盐渍化。

⑥其他成因

在西北地区，大风将含盐的砂土吹落到山前戈壁和沙漠等地，积聚成新的盐渍土层。另外，植物也可以通过根系从深层土中吸取盐分，通过直接分泌或枯死分解，使盐分聚集在土表层之中，形成盐渍土。

(2)盐渍土的主要成因类型

按土盐渍化过程的特点，将盐渍土归纳为三大类型(图2-2)，即现代盐渍土、残余盐渍土和潜在盐渍土。

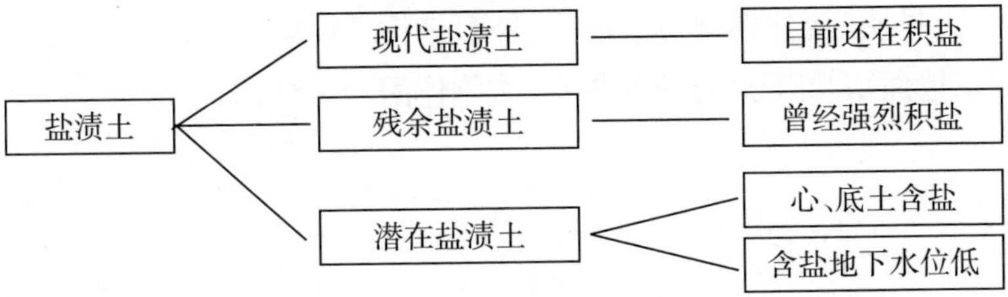

图2-2　盐渍土的主要成因类型

现代盐渍土是指目前还在进行积盐过程的一系列土壤，它们所处的水文地质条件大多数地下水位高，地下径流滞缓不通畅，水质较差。

残余盐渍土是指在地质历史过程中，曾经进行强烈的积盐过程，后来因地壳上升或侵蚀基面下降，导致地下水位大幅度下降，而终止了盐分累积过程的土壤，过去积聚在土体中的盐分因气候干旱、降水稀少、淋溶微弱而得以保留下来。这类盐渍土的盐分在剖面中分布特点是其最大含盐量是在亚表层或心土层而不在表层。

潜在盐渍土一般包括两种情况：第一，是指在干旱地区的一些土壤具有底层盐化的特征（土壤形成过程中，盐分向心底土移动累积，形成聚盐层），当开发利用这些土壤时，过量灌溉的下渗水流溶解活化了积盐层的盐分之后，盐分随土壤毛细水上升的水流聚积于表土层中，使土转变为现代盐渍土；其二，是指在有盐渍化威胁的平原地区，当水量大大增加，就可能会引起地下水位上升到临界深度以上，而导致土壤的次生盐渍化。

2.2.2　影响土盐渍化过程的主要因素

土盐渍化的影响因素分内因和外因两种（图2-3），其中内因有岩土母质、盐分类型与活性等；外因包括气候因素、地形与地貌因素、地面水文因素、地下水因素、生物作用、人类活动等。

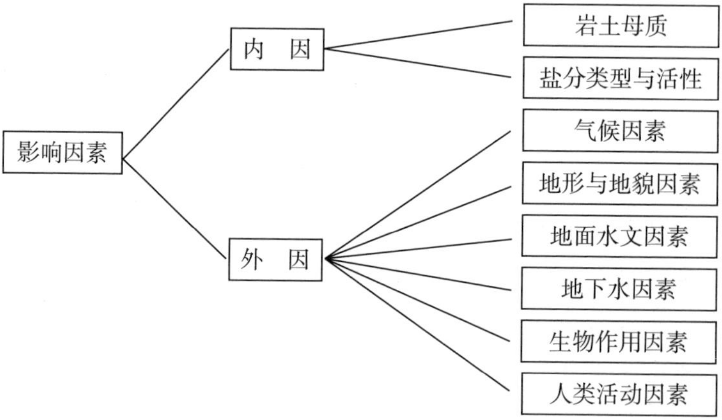

图2-3　盐渍化的影响因素

2.2.3　成因类型与分布规律的关系

盐渍土主要分为现代盐渍土、残余盐渍土和潜在盐渍土三大成因类型，不同的成因类型体现了不同的盐渍土地区盐渍化过程，因此不同的成因类型决定了不同的分布规律。

现代盐渍土多分布在现代冲积平原、河谷平原、滨海平原、洪积干三角洲以及洪积、冲积倾斜平原和湖积平原等地貌中，目前，河口三角洲和滨海平原仍在不断地向海洋迁长延伸，现代盐渍土的面积有增无减。

残余盐渍土主要分布于西北干旱地区，多出现在山前洪积–冲积平原和古老河成或湖成阶地等地貌上。

潜在盐渍土主要分布在干旱地区具有底层盐化的特征的一些

土壤中和目前地下水位常处于防治土壤盐渍化临界深度以下的具有盐渍化威胁的平原地区。

2.2.4 由母质决定的分布规律

盐渍土中盐类来自于含盐母质,母质中的盐分在地质构造、地下水或地面径流等因素作用下,运移至土体表层并积聚,而形成盐渍土。

(1)第四纪沉积母质决定的分布规律

在第四纪沉积区域,沉积母质决定了盐渍土的类型及其分布。具有河湖沉积物的洼地边沿,一般都有较大面积的盐渍土分布,积盐强度除受气候、地形因素影响外,与河、湖水矿化度高低有关,一般有出流条件的河湖洼地,水质较好,矿化度不高,土积盐量较小,无出流的河湖洼地,水质差,矿化度高,土壤含盐量亦高。

在第四纪地质剖面中,海洋沉积类型分布的面积很有限,在地质构造上,多处于沉降凹陷带,第四纪海相沉积物导致的盐渍土,主要分布在渤海湾、江苏北部沿海及浙江、福建、广东等省的沿海及浅海滩地带。苏打盐渍化的分布,和富含钠长石类的花岗岩、片麻岩的分布相一致。如阿尔泰山分布着大面积的花岗岩侵入体和以片麻岩为主的变质岩系;昆仑山的中央核心带,则多为花岗岩和片麻岩等变质岩系;而苏打盐渍化则在阿尔泰山南麓、昆仑山北麓、天山北麓分布较广。天山南麓由于前山带白垩纪和第三纪地层中含盐很多,以致广泛存在着洪积坡积盐化过程,平原河滩地、低阶地都有较明显的盐渍化现象。

(2)古老含盐地层决定的分布规律

由古老含盐地层引起的盐渍土分布的区域,一般盐渍土的类型与地层含盐的类型基本一致,其分布特征由盐层分布、水文条件、地形地貌等共同决定。东北的大兴安岭，广泛分布着火成岩，从化学成分来看，绝大部分都富含钠。还有含苏打的深层石油水的影响，该地区广泛发生的苏打盐渍化过程，皆与此有关。由于全境的堆积风化壳中，都含有较高的苏打，所以土的苏打盐化较普遍。

山西省运城盆地北部一级至二级阶地上所分布的底层盐化土，就是由于第三纪末期埋藏的湖相沉积层引起的，在底层土体中，形成较重的含盐层，而且地下水的矿化度也很高。由于底层土体及地下水含盐较重，存在着土盐渍化的潜在危险。在雨量较充沛和地下水位较深的情况下，表层土处于脱盐状态，但一旦地下水汇集停滞，水位升高，则底层的盐分将最大程度地向地表累积。

2.2.5 由盐的性质决定的分布规律

盐的性质对分布规律的影响是微观和局部的，影响最明显的是盐的溶解度。各种盐类因其溶解度不同，故在含盐水的迁移和受蒸发的过程中，以先后不同的次序达到饱和并析出（图2–4），故在深度上盐渍土的分布也有一定的规律。如难溶的碳酸钙，因其溶解度很小而最先析出，故碳酸钙盐渍土层埋藏较深；然后是溶解度不大的中溶盐，如硫酸钙（即石膏），达到饱和并析出，故含硫酸钙的盐渍土一般位于碳酸钙盐渍土之上；最后析出的是易溶盐。硫酸钠的溶解度较大，夏天温度高时基本溶于水（地下水和孔隙水）中，冬天温度降低时才析出，故其积盐过程具有季节性。硫酸镁和氯化钠的溶解度大，所以只有在特别干旱的时候，在强烈的地表蒸发下，浅层处的土层中才有结晶盐从溶液中析出。同样是易溶盐的氯化镁和氯化钙，其溶解度很大，且具有很强的吸湿性，所以只有当温度很高、空气特别干燥且水分很快蒸发时，才能从饱和的溶液中析出固体的盐类。但当空气的湿度一旦增高，这些盐又很快转化为溶液。

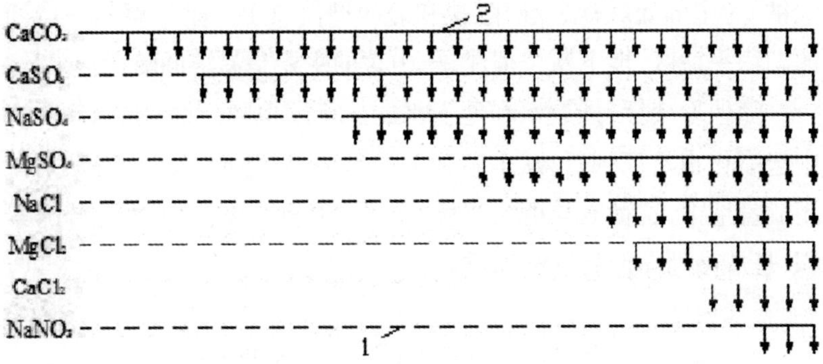

1 不饱和盐溶液;2 饱和盐溶液

图2–4 在迁移和蒸发过程中各种盐溶液从溶液中析出的先后次序

总之,盐渍土在深度上分布的大致规律是:氯盐在地面附近的浅层处,其下为硫酸盐,碳酸盐则在较深的土层中。当然,实际上盐类往往是交错混杂逐渐过渡,并无明显的界面。

2.2.6 由洪水、河流和地下径流主导的分布规律

洪水、河流和地下径流直接受地形、地貌的影响,对盐渍土的形成过程有很大影响,从而也决定了盐渍土的类别和分布规律。

岩石风化所形成的盐类,随水移动,在沿地形的坡向流动过程中,其移动变化,基本上服从于化学作用的规律,按溶解度的大小,从山麓到平原直至滨海低地或闭流盆地的水盐汇集终端,呈有规则的分布,溶解度小的钙、镁碳酸盐和重碳酸盐类首先沉积,溶解度大的氯化物和硝酸盐类,可以移动较远的距离,由图2–5可见,由于碳酸盐的溶解度小,所以在山前洪、冲积倾斜平原区,形成以碳酸盐为主的盐渍土带。而在洪、冲积平原区,则成为过渡带,从含少量的碳酸盐(碳酸钠和碳酸氢钠),过渡到以含硫酸盐(硫酸钙、硫

酸钠)为主的硫酸盐、亚硫酸盐和氯盐型盐渍土。毗邻察尔汗盐湖的湖积平原区,地下水位很浅,土中含的主要是易溶的氯盐。

随地形变缓,地表水和地下水的矿化度也随之而逐渐增高,土中盐渍化也从高到低,从上游到下游呈现出相应的变化,特别是在闭流盆地中,这种分异更为明显。从大、中地形来看,土中盐分的累积,是从高处向低处逐渐加重。

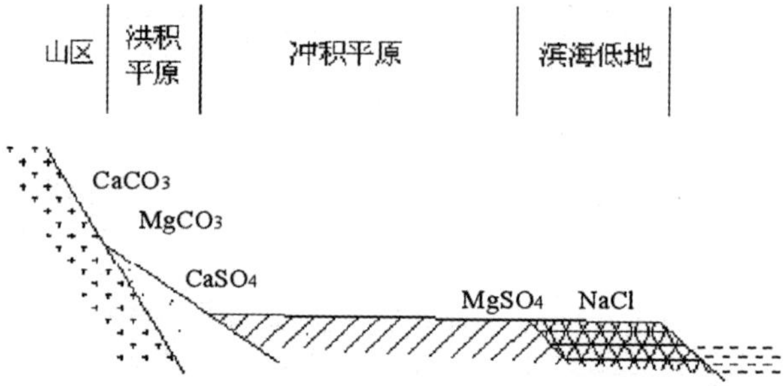

图2–5 由山麓到海滨低地的盐类沉积示意图

各种负建造地形,常常是水盐汇集区。但是,在一个大区域范围内,由于内外营力作用而引起的地表形态的差异,又常常造成水热状况不同,并导致水盐的重新分配。例如,黄河中下游泛滥平原,根据对其地貌特征及水盐运动关系的长期研究,把它归纳为四种水盐动态类型。属于高地类型的地貌,其水盐运动状况属下渗–水平运动型;而缓斜低平地,多为上升、下渗–水平运动型;洼地水盐运动状况,则多属下渗–上升交替垂直运动型;洼地边缘,还有水盐的逆向水平–上升运动型。

2.2.7 由气候因素主导的分布规律

中国盐渍土从南到北都有分布，但是大面积的盐渍土都分布在北方干旱、半干旱地带和沿海地区，相关研究表明，盐渍土的这种分布规律主要是由气候因素所决定的。

内陆干旱区盐渍土的分布规律：干旱地区土表的积盐过程就是蒸发主导的、毛细孔隙水控制的集盐过程。一般情况下，气候愈干旱，蒸发愈强烈，通过土中毛细水作用带至土表层的盐分也就愈多。蒸发量大于降雨量数倍至数十倍的干旱地区，土中毛细水上升水流占绝对优势，盐渍土呈大面积分布。半干旱区盐渍土的分布规律：在半干旱地区，蒸发量大于降水量的比值也都大于1，土中毛细水上升水流总体上占优势，在蒸降比较大的情况下，地下水中的可溶性盐类也会逐渐汇集在地表。这类地区土盐渍化程度还受地下水水位高低及其矿化度的影响较大。因此，半干旱地区的盐渍土分布不连续，面积相对干旱地区来说也比较小。

滨海区盐渍土的分布规律：滨海地区盐渍土中盐分主要来自于海水，有两种主要途径，第一是海水通过地下水倒灌，然后经蒸发及土的毛细水作用积聚于地表；其次是通过风力等因素将海水直接带至土中，海水中盐分经蒸发滞留在地表。滨海地区盐渍土分布，一般低洼地区的盐渍化较严重，且离海域越远，盐分积聚越少。另外滨海地区降雨一般也较多，雨季盐分随地下水以下行为主，土壤脱盐，当旱季来临，由于雨季抬升了地下水位，地表盐分积聚将会非常的快，形成了大部分滨海盐渍土地区脱盐-积盐交替的特点。

2.2.8 次生盐渍土的分布规律

次生盐渍土主要分布在干旱和半干旱的农业生产地区，这一规律主要是由于人类活动如不合理的灌溉等引起的。如内蒙古河套灌区、宁夏银川灌区、山西汾河流域的灌区等，都有灌溉不当而抬高地下水位，导致土的次生盐渍化发生的事例，究其原因，无非都是无节制的灌水、灌水量太大、灌溉渠道渗漏及其他管理工作不善等因素引起的。另外在内蒙古等某些过度放牧的地区也有次生盐渍土的分布。

2.3 试验所在区域——德伊高铁沿线盐渍土分布规律

2.3.1 德伊高铁沿线的基本资料

(1)地理位置

伊朗国家位于亚洲西南部,国土面积为164.5万km^2,北接里海,南临波斯湾,素有“欧亚大陆桥”之称。伊朗人口约7150万,其中波斯人占51%,阿塞拜疆人占24%,其余为阿拉伯人等少数民族。

德黑兰:伊朗首都德黑兰位于厄尔布尔士山脉南坡,海拔为1200~1600m。德黑兰人口约1700万,是伊朗第一大城市,也是伊朗的政治、经济、文化中心和最大的交通枢纽。

库姆:库姆是伊朗中部城市,为伊朗伊斯兰共和国库姆省省会,距伊朗首都德黑兰西南大约150km处,人口大约100多万。库姆位于库姆河畔,紧靠卡维尔沙漠。

伊斯法罕:伊斯法罕位于伊朗中部,是伊朗第二大城市,是西部、北部、中部与南部的陆路连接点,海拔1575m,人口约300万,是伊朗著名的古都,旅游业十分发达。

线路位于伊朗德黑兰省、库姆省和伊斯法罕省内,线路北起首都德黑兰市,经过Airport、Separ rostam、Jamkaran车站后联络至库姆车站;库姆车站出来经Neyzar、Delijan、Qoroqchi、Meymeh、Morchehkhort车站进入伊斯法罕车站,沿线有各级公路相通,交通方便。

(2)地形地貌

线路穿越德黑兰、库姆、伊斯法罕冲洪积平原区(Ⅰ),盐湖湖积平原区（Ⅱ），沉积岩低山浅丘地貌区（Ⅲ）等地貌单元。海拔高程803~2200m，地形总趋势为南高北低，最低点位于盐湖地区，最高点位于库伊段DK129+400。平原区地形较平坦，略有起伏；荒漠区地形舒缓，略有起伏，多呈馒头状或浅碟状。沿线的平缓地区多为盐渍土，植被不发育；荒漠地区多基岩裸露，风蚀、荒漠化严重，植被不发育。

①冲洪积平原区（Ⅰ）

线路起点（T-Q段DK0+000）—机场附近（DK48+900）、（DK55+600）—（DK57+240）、（DK74+000）—（TDK84+500）、（DK109+000）—（DK122+900）、（D1K133+000）—（D1K144+700）、（D1K150+800）—库姆（Q-E段GK12+000）、（Q-E段GK42+000）—（GK48+000）、（GK62+000）—（GK82+500）、（GK135+000）—伊斯法罕（终点）为冲洪积平原区。地形平坦开阔，冲沟、河流（干涸）发育，河漫滩宽广。

②湖积平原区（Ⅱ）

（T-Q段DK84+500）—（T-Q段DK104+700）为湖积平原区，海拔高程803~808m，地势开阔平坦。该区域内发育两个干枯的呈白色的盐碱湖，面积近80km²，线路从两盐湖中部盐渍土穿过。德黑兰向南的两条公路分别从盐碱湖的东、西两侧绕行。

③沉积岩低山浅丘地貌区（Ⅲ）

（T-Q段DK50+000）—（DK74+000）、（DK104+000）—（DK109+000）、（DK123+000）—（DK133+000）、（D1K144+300）—（D1K150+000）、（Q-E段GK12+000）—（GK42+000）、（GK48+000）—（GK62+000）、（GK82+500）—（GK135+000）为沉积岩荒漠地貌区，地形较开阔、平坦，起伏较小，多呈馒头状或浅碟状，坡残积土层瘠薄或基岩裸露，植被不发育。

(3)交通状况

德伊高铁跨越德黑兰省、库姆省、伊斯法罕省三个省区,全线线路大致呈北南走向,北低南高,区域地势相对平坦。德库段DK0-DK110段与既有铁路并行, 德库段有7号、71号高速公路与之平行、相交;库伊段有65号高速公路贯通库伊全线,沿线更有各级公路、乡道、施工便道相通,总体上看,交通便利。

(4)气象特征

伊朗国内大部分地区和南部沿海地区属亚热带干旱、半干旱气候, 其特点是干热季节长, 可持续7个月, 年平均降雨量30~250mm,夏干热,冬湿冷,中央高原平均降雨量在100mm以下。

从网络收集的气象资料分析 (详细气象资料暂未收集到),中间的库姆年均气温较高,两端的德黑兰及伊斯法罕年均气温稍低,而年均降水量则呈现由北向南逐渐减小的趋势。三座城市气象数据见表2-1。

表2-1 德伊高铁沿线三座主要城市气象数据

城市名称	多年月均温度(高)/月	多年月均温度(低)/月	多年平均降水量	多年单月最大平均降水量/月份
德黑兰	36.8℃/7月	1.2℃/1月	232.8mm	40.8mm/3月
库姆	40.3℃/7月	-1.9℃/1月	148.2mm	25.4mm/1月
伊斯法罕	36.4℃/7月	-2.4℃/1月	112.5mm	19.6mm/12月

①德黑兰省

德黑兰省属亚热带干旱、半干旱气候,其特点是干热季节长,可持续7个月。根据气象资料(德黑兰建气象站时间为1951年),多年平均气温17.2℃,7月气温最高，极端最高气温43℃,1月气温最低,极端最低气温-15℃,最大月平均气温22.7℃,最小月平均气温11.9℃。全年干旱少雨,多年平均降雨量232.8mm,多集中在1~4月以及12月,8~9月最少;年最大降雨量降雨399.4mm,月最大降雨量降雨141.7mm，日最大降雨量50mm，年平均降水日数76.4d（日降水量≥0.1mm）。多年平均相对湿度41%,多年最小相对湿度28%。年平均风速5.5m/s,年平均风速风向270°,年最大风速24.5m/s,年最大风速风向290°。平均雷暴日数1.37d；多年平均降雪天数12.3d;多年平均日照时数2996h。气候条件对施工影响较小,有效施工时间长。

②库姆省

库姆省属亚热带干旱、半干旱气候,其特点是干热季节长,可持续7个月。根据气象资料(库姆建气象站时间为1986年),多年平均气温18.1℃,7月气温最高，极端最高气温46℃,1月份气温最低,极端最低气温-12.6℃，最大月平均气温25.9℃，最小月平均气温10.2℃。全年干旱少雨,多年平均降雨量151.1mm,多集中在1~4月,7~9月最少；年最大降雨量降雨206.2mm，月最大降雨量降雨82.7mm,日最大降雨量40mm,年平均降水日数45.2d(日降水量≥0.1mm)。多年平均相对湿度41%,多年最小相对湿度25%。年平均风速4.15m/s,年平均风速风向270°,年最大风速24.5m/s,年最大风速风向250°。平均雷暴日数0.34d;多年平均降雪天数5.8d;多年平均日照时数3134.6h。气候条件对施工影响较小,有效施工时间长。

③伊斯法罕省

伊斯法罕省的河流和山川众多,气候温和,四季分明,在山地区域，冬季降雪且天气寒冷，而夏季气候温和宜人。伊斯法罕省属亚热带干旱、半干旱气候，其特点是干热季节长，可持续7个月。根据气象资料（伊斯法罕建气象站时间为1951年），多年平均气温16.2℃，7月气温最高，极端最高气温43℃，1月气温最低，极端最低气温-19.4℃，最大月平均气温23.4℃，最小月平均气温9.1℃。全年干旱少雨，多年平均降雨量122.8mm，多集中在1~4、12月，6~9月最少；年最大降雨量降雨215.7mm，月最大降雨量降雨87.9mm，日最大降雨量48mm，年平均降水日数44.7d（日降水量≥0.1mm）。多年平均相对湿度40%，多年最小相对湿度24%。年平均风速7.3节，年平均风速风向270°，年最大风速29m/s，年最大风速风向300°。平均雷暴日数0.44d；多年平均降雪天数7.8d；多年平均日照时数3252.5h。气候条件对施工影响较小，有效施工时间长。沿线主要地区的气象参数表如表2-2。

表2-2　德黑兰-库姆-伊斯法罕气象资料表

地区	气温			风速及风向		降雨		日照	蒸发量	雾日	降雪天数	相对湿度
	多年平均气温	极端最高气温	极端最低气温	年平均风速	最大风速风向	多年平均降雨	最大一日降雨	多年平均日照时数				
	℃	℃	℃	节	度	mm	mm	h	mm	d	d	%
德黑兰	17.2	43	-15.0	11.0	290	232.8	50	2996.0	-	-	12.3	41
库姆	18.1	46	-12.6	83.0	250	151.1	40	3134.6	-	-	5.8	41
伊斯法罕	16.2	43	-19.4	7.3	300	122.8	48	3252.5	-	-	7.8	40

(5)地震

①地震概况

从区域地质构造上看,伊朗位于特提斯-喜马拉雅构造活动带又称特提斯-喜马拉雅褶皱带,该褶皱带是中生代以来发展起来的一条巨型褶皱带,是阿拉伯板块、印度板块与欧亚板块之间的碰撞造山带,并且伴有强烈的地震活动,这些作用一直到现代还在进行,构造作用的相互推挤,拉开或相对升降,形成了山地、高原、盆地和平原。由于伊朗特殊的断层性地质,伊朗全境基本都处于欧亚地震带上,所以伊朗是一个受地震灾害影响较为严重的国家,平均每天都要至少发生一次轻微地震。

②地震参数

参考伊朗IRANIAN CODE OF PRACTICE FOR SEISMIC RESISTANT DESIGN OF BUILDINGS(Standard No. 2800)。沿线地震动峰值加速度结果如下:

德库段:DK0+000—DK37+000为0.35g,DK37+000—终点为0.30g。

库伊段:GK0+000—GK123+500为0.30g,GK123+500—终点为0.25g。

2.3.2 沿线地层及构造

(1)地层岩性

沿线上覆第四系全新统人工填土层、冲积层、崩坡积层、坡残积层、坡洪积层、冲洪积层、湖积层等黏性土、砂土、砾石土、卵碎石土;第三系上新统(Q_3^t、Q_2^t、Q_1^t、Q、Pc1、P_m^1、M_3、$M_{1\text{-}2}$、)、中新统(OM_q)、渐新统(O_1)、始新统(E_k、E^v)的黏性土(CL)、砂土(SC-SM)、砾石土

(GC-GM)、碎石土(cobbles)、泥岩、砂岩、泥(钙)质胶结砾岩、砂岩夹页岩、灰岩夹泥岩、砾岩夹泥岩、灰岩、泥灰岩、石膏岩、凝灰岩;白垩系(Kml)灰岩;侏罗系(Js)页岩、砂岩、砾岩;断层角砾、断层破碎带(Fbr)。岩浆岩为后中新世(gd)花岗闪长岩;岩性由新到老分述如下:

①第四系全新统人工填土层(Q_4^{ml})

人工弃土、填筑土(Q_4^{q}、Q_4^{ml}):褐黄、灰黄等,主要为松散-中密至密实状,主要由圆砾土、细砂、中粗砂组成,少量块石土,人工弃土为附近公路、铁路建设的弃土,欠压实,未完成自重固结,松散,主要分布于既有线、房屋、道路边上,厚度1~3m;填筑土为公路、铁路、房屋建筑等路基,主要分布在既有线、公路、房屋的路基及地基,厚度1~8m不等。

②第四系全新统冲积层(Q_4^{al}、A_{12}、A_{11})

灰黄色、灰褐色,为黏土、含砂砾质黏土、黏土质砾、含黏土级配不良砂、含黏土级配不良砾等,厚度2~25m,局部大于25m。局部表层为1~3m石膏。结构松散-稍密,硬塑-软塑状。主要分布在盐湖周边、河流沟谷、河漫滩或丘间沟槽中。

③第四系全新统崩坡积层(Q_4^{col+dl})

灰褐、灰色、深灰色,为角砾土、碎石土等,石质成分多为灰岩、泥岩、砂岩等,角砾及碎石风化严重,其余为黏土及粉土充填。厚度1~8m。结构稍密-中密,干-稍湿状。主要分布在山边斜坡或山脚附近。

④第四系全新统坡残积层(Q_4^{dl+el})

灰黄色、浅黄色、灰褐色、灰色,为含砂砾质黏土、黏土质砾、含黏土级配不良砂、含黏土级配不良砾等，厚度1~5m，局部大于8m。结构稍密-中密，硬塑-坚硬状或干-稍湿状。主要分布在基岩上部。

⑤第四系全新统坡洪积层（Q_4^{dl+pl}）

褐黄色、灰褐色，为含砂砾质黏土、含黏土级配不良砂、含黏土级配不良砾等，厚度1~5m，局部大于8m。结构稍密-中密，硬塑-坚硬状或干-稍湿状。主要分布在丘槽相间的沟槽地带至缓坡地带的过渡带。

⑥第四系全新统冲洪积层（Q_4^{al+pl}）

灰褐色、灰黄色、黄褐色，为黏土、含砂砾质黏土、含黏土级配不良砂、含黏土级配不良砾等，厚度2~10m，局部大于15m。结构稍密-中密，硬塑-坚硬状或干-稍湿状。主要分布于山前洪积扇、河流沟谷、河漫滩附近。

⑦第四系全新统湖积层（Q^m）

灰褐色、灰黄色，主要为黏土、粉土，软塑状黏土分布在局部表层或呈透镜体分布在其他地层间。厚度1~20m，局部大于30m。软塑-硬塑状或潮湿-饱和状。主要分布在盐湖段。

⑧第三系上新统Q_3^t、Q_2^t、Q_1^t、Pc 1、Pm 1、M_3、M_{1-2}）

灰黄色、褐黄色、灰白色，上部为黏性土、砂土、砾石土，厚度1~5m，结构中密-密实，硬塑-坚硬状或潮湿-饱和状。下部为泥岩、砂岩、砂岩夹泥岩、泥（钙）质胶结砾岩等，节理裂隙较发育，岩体破碎-较完整，质软-坚硬，该层厚度大于20m，大面积分布，沿线第三系与第四系交替出现。

⑨第三系中新统（OM_q、OM_m、OM、OM_q^m、OM_q^1、OM_q^5）

灰黄色、棕褐色、紫红色，为泥岩、砂岩、页岩、灰岩、泥灰岩、砂岩夹页岩、灰岩夹泥岩、石膏岩等，节理裂隙较发育，岩体破碎-

较完整，质软-坚硬，局部夹石膏层，胶结程度差。该层一般厚度3~12m，局部厚度大于20m，大面积分布，沿线第三系与第四系交替出现。

⑩第三系渐新统（O_1）

灰黄色、褐黄色、紫红色、棕褐色，为砂岩、砾岩、砾岩夹泥岩、砂岩夹泥岩、灰岩、泥灰岩等，节理裂隙较发育，岩体破碎-较完整，质软-坚硬，局部受构造影响明显，局部夹石膏层，胶结程度差。该层一般厚度3~10m，局部厚度大于20m，大面积分布，沿线第三系与第四系交替出现。

⑪第三系始新统（E_k、E^v、E^5、E_s）

灰黄色、褐黄色、灰白色、深灰色、灰黑色，为砂岩、砂岩夹页岩、灰岩、凝灰岩等，节理裂隙较发育，局部受构造影响明显，岩体破碎-较完整，质软-坚硬，该层一般厚度5~15m，局部厚度大于20m，小范围出现，多出露于机场隧道之前、盐湖边上。

⑫白垩系（Kml）

为灰色灰岩。隐晶质结构，薄-中厚层状构造，强风化带（W_3）厚1~3m；以下为弱风化带。

⑬侏罗系（Js）

灰黑色、灰色、紫红色，为页岩、砂岩、砾岩，页岩泥质结构，易污手，节理裂隙较发育，局部受构造影响明显，岩体破碎-较完整，质软-坚硬，该层一般厚度5~15m，局部厚度大于20m，小范围出现在库伊段。

⑭后中新世（gd）

为灰色、浅绿色花岗闪长岩，中粗粒花岗结构，块状构造，根据现场地质调绘，岩石坚硬，岩体较完整。基岩主要为弱风化。

⑮断层角砾、断层破碎带(Fbr)

黄褐色,中密-密实,角砾约占50%,Φ20~55mm,石质成分以砂岩、灰岩为主,呈次棱角状,部分微具磨圆度,多无胶结,局部胶结较好,泥铁质胶结,余为深灰色土及砂状物充填。仅在断层破碎带上出露。

(2)地质构造

沿线地质构造大都掩盖于覆盖层之下,难以准确研究清楚;本段除Jamkaran隧道受构造影响较大外,线路多为路基工程通过,少量桥梁工程,大多工程受构造影响较小,故铁路工程建设与地质构造关系不密切。

总体而言,全线经过区域中构造及断裂对线路方案影响较小,但对局部隧道工程有一定影响。

重点工程Jamkaran隧道,该隧道有2条断层和1个向斜,F1断层于DK145+785处与线路呈约60°相交,F2断层于DK148+360处与线路呈约67°相交;DK147+280附近为向斜(如图2-6)。

①F1断层:正断层,于DK145+785处与线路呈约60°相交,走向约114°,大致位于隧址区既有公路南侧,与公路近平行,向NW-SE延伸。依据旧Jamkran隧道钻孔D1Z-144-03-01地层情况,推测该断层与线位相交处的倾角应大于80°,近直立,大约于DK145+780交于隧道底板。断层上盘地层主要为第三系渐新统-中新统(OM_q^m)砂岩、灰岩、泥岩、泥灰岩,岩层产状N35°W/64°SW,下盘地层为第三系渐新统(O_1)砾岩、砂岩夹泥岩、页岩,岩层产状N50°W/66°SW。

②F2断层:性质不明,于DK148+360处与线路呈约67°相交,呈波状起伏。断层上盘地层为第三系上新统(Pc 1)泥(钙)质胶结砾岩、砂岩,岩层产状N85°E/85°SE。

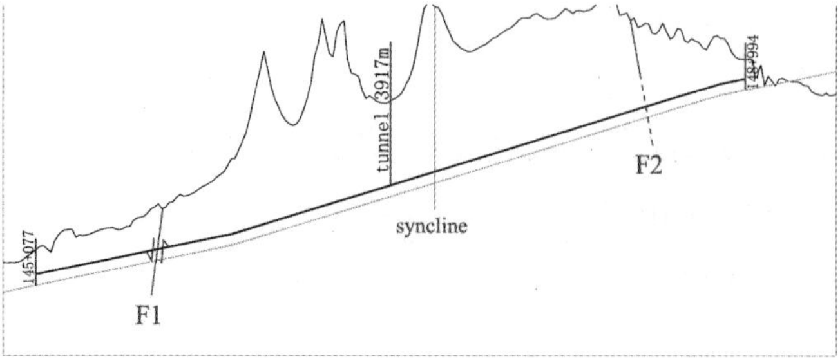

图2-6 Jamkaran隧道构造分布剖面简图

③向斜:其核部于DK147+280附近与线位呈84°相交。该向斜地层主要为第三系渐新统-中新统(OM_q^1)(OM_q)灰岩、砂岩、泥岩、石膏岩、石膏等，北翼岩层产状为N35°W/64°SW，南翼岩层产状为N87°W/65°NE。其核部于DK147+280左3000m的挖方边坡有所揭示,据地质调绘,该区段同一石膏岩层分别于DK147+050左2400m、DK147+350左2600m处揭露。

库伊段主要断裂与线路相交统计如下表2-3。

表2-3 库伊段主要断裂与线路相交统计表

序号	与线路关系			工程影响评价
	位置	交角	工程	
1	GK16+880	75°	路基	对路基工程影响较小
2	GK18+680	89°	路基	对路基工程影响较小
3	GⅡK29+102	68°	路基	对路基工程影响较小

2.3.3 水文地质特征

(1)地表水

沿线地表水水系不发育,受降水和地形的制约,本区内陆流域及无流区面积广大，地表径流贫乏，河网稀疏，多为季节性河流。部分地表水为农田灌溉水，主要受人工控制。

T-Q段：DK55+800河流附近（老线位里程DK47+000，取样编号为DZ-47-00-SH-01）、库姆河段、盐湖前后有季节性水流。

Q-E段：GK84+200—GK84+500段、GK101+200—GK102+000段、GK212+100附近、GK216+200地段，矿化度较高。

（2）地下水

沿线大部分地段地下水位较深，水位埋深多大于15m，局部地段地下水位埋深大于30m；但在一些地段，地下水水位在1~10m深度范围内，如库姆、德黑兰、伊斯法罕等冲积平原区，含水层发育，地下水丰富；盐湖地段由于地势较低，地表水补给容易，地下水位较浅，埋深最浅达0.65m，对工程影响较大。

根据含水层的岩性、地下水的赋存条件和水力特征，沿线地下水可划分为全新统孔隙潜水、碳酸盐类岩溶水和基岩裂隙水等三大类型。地下水的发育状态主要受地下地貌、地层岩性及地质构造控制。

①全新统孔隙潜水

测区河谷、沟槽、河漫滩等低洼地带分布的全新统冲洪积、坡洪积、湖积，均含有孔隙潜水。地下水位较浅，一般埋深3~8m，局部小于1m，由于测区多属盐渍土，因此该层地下水含盐量较高，矿化度较高。

②碳酸盐类岩溶水：主要分布于碳酸盐类地层中。岩溶发育很不均一，垂直分带比较明显，富水等级为弱、中等。受大气降雨及浅层地下水补给。

③基岩裂隙水：基岩裂隙水主要赋存在基岩风化裂隙中，分为构造裂隙水和风化带网状裂隙水，富水性较弱，受大气降水和地表

水以及浅层地下水补给，向河谷低地排泄，一般对混凝土具侵蚀性。

④沿线水质对混凝土的侵蚀性评价

沿线地表水水质类型多为$SO_4^{2-}\cdot Cl^- - Na^+\cdot Ca^{2+}$型水。地表水对混凝土和钢筋的氯盐环境作用等级为L2~L3，化学侵蚀环境作用等级为H2~H3，盐类结晶破坏环境作用等级为Y2~Y3。建议采取相应的抗侵蚀措施。

沿线地下水水质类型多为$HCO^{3-}\cdot SO_4^{2-} - Ca^{2+}$型、$SO_4^{2-}\cdot Cl - Na^+$型或$Cl^-\cdot SO_4^{2-} - Na^+\cdot Ca^{2+}$型水。全线地下水在环境作用类别为化学侵蚀环境时，环境作用等级为H2~H3；地下水在环境作用类别为氯盐环境时，环境作用等级为L1~L3；地下水在环境作用类型为盐类结晶环境时，环境作用等级为Y2~Y4。建议采取相应的抗侵蚀措施。

2.3.4 沿线盐渍土分布特点

由于沿线广布含盐母岩，造成线路沿线覆盖层大多含盐，经初步地质调查及取样分析，覆盖层多为盐渍土。沿线盐渍土按颗粒大小可分为：细粒盐渍土、粗粒盐渍土；按地理分布分类均为内陆盐渍土；按形成过程可分为：现代积盐过程盐渍土（现代盐渍土）、残余积盐过程盐渍土（残余盐渍土）。盐渍土类型可分为：硫酸盐、亚硫酸盐、氯盐、亚氯盐盐渍土。全线盐渍土具有含盐及石膏量高、分布广、类型多、工程性质复杂等特点。

（1）盐渍土、盐渍岩及石膏富集层分布

①盐渍土

沿线冲积平原及盐湖湖积平原区，主要分布为盐渍土，多属中等–强盐渍土，具有盐胀性、溶陷性及腐蚀性等工程特性，设计和施工中应采取合理的工程处理措施。

根据不同段落的地下水位埋深情况、易溶盐平均含盐量T.D.S

等综合因素，各盐渍土溶陷深度详见各工点说明。根据室内试验法测试分析和盐渍土现场浸水载荷试验，测得不同地层的溶陷系数。全线代表性地层盐渍土现场浸水载荷试验结果如下表2-4。

表2-4 全线代表性地层现场浸水载荷试验结果如下

段落	里程	盐渍土种类	30mm降水沉降量（mm）	60mm降水沉降量（mm）	100mm降水沉降量（mm）	24h连续浸泡沉降量（mm）	溶陷深度（m）	累计溶陷量（mm）	溶陷系数	溶陷性
T-Q	DK67 350	<17-1-W4>	24.56	26.43	27.59	37.91	1.0	24.45	0.0170	轻微
	DK76+ +987	<5-2>圆砾土	1.43	1.55	1.57	2.25	4.7	1.24	0.00026	不具溶陷性
	DK79 +200	<5-2-1>石膏富集层及<5-2>圆砾土	-	56.70	-	122.90	3.0	123.87	0.0410	中等
T-Q	DK82 +851	<2-3>含黏土级配不良砂	12.20	12.39	12.64	13.19	5.0	9.35	0.0021	不具溶陷性
	DK98 +400	<2-2>含黏土级配不良砂(细砂)	4.58	12.26	16.04	30.83	3.1	30.83	0.0110	轻微
	DK102 +000	<9-1>黏土	13.13	15.44	19.27	54.48	3.7	48.26	0.0130	轻微
	D1K140 +500	<8-1>黏土	6.89	7.08	8.79	23.61	4.5	31.88	0.0091	不具溶陷性
Q-E	GK4 +050	<14-1>黏土质砂（原始地面）	8.29	11.91	13.83	19.41	4.5	15.95	0.0035	不具溶陷性
	GK31 +000	路基本体	7.67	7.75	8.00	8.33	4.2	4.83	0.0010	不具溶陷性
	GK46 +000	<13-1>黏土质砂（原始地面）	46.06	76.70	81.04	83.69	4.5	77.84	0.0220	轻微

通过试验结果显示，部分软质岩基岩风化层具轻微溶陷性，粗粒土大部分不具溶陷性，细粒土部分具轻微溶陷性，石膏富集层具中等溶陷性。

根据取样试验结果，按易溶盐成盐方法计算Na_2SO_4的含量，参照《盐渍土地区建筑技术规范》(GB/T 50942—2014)进行盐渍土盐胀性评价，盐渍土以非盐胀性盐渍土为主，部分具有弱盐胀性，盐胀深度2m。

全线盐渍土在环境作用类别为化学侵蚀环境时，环境作用等级为H1~H3；在环境作用类别为氯盐环境时，环境作用等级为L1~L3；在环境作用类型为盐类结晶环境时，环境作用等级为Y1~Y4。建议采取相应的抗侵蚀措施。

②盐渍岩

沿线多数地层内含盐，如砂岩、泥岩、砾岩、泥灰岩及石膏岩，属于盐渍岩，具体结果以试验资料为准；具有溶蚀性、膨胀性及化学侵蚀性等工程特性，设计和施工中应采取合理的工程处理措施。

全线工程地质钻探未揭示溶洞，钻孔岩芯未见溶孔、溶隙，测区因盐渍岩引起的岩溶不发育，全段均不考虑溶蚀性的影响。

沿线出露的泥质砂岩、泥岩等软质岩一般具有弱膨胀性，部分段落按膨胀岩考虑。

全线盐渍岩在环境作用类别为化学侵蚀环境时，环境作用等级为H1~H3；在环境作用类别为氯盐环境时，环境作用等级为L1~L3；在环境作用类型为盐类结晶环境时，环境作用等级为Y1~Y3。建议采取相应的抗侵蚀措施。

③石膏富集层

在勘察过程中发现,部分砾石层、砂土层表层0~3m发育石膏富集层,质地较纯、结构疏松、多孔,工程性质差。遇水及震动作用下易发生较大变形。在地质钻探的基础上,采用挖探方法进一步确认石膏富集层分布范围、具体厚度,取代表性样品送实验室分析出石膏含量,石膏富集层建议清除换填。(如图2–19、图2–20)。

表2–5　全线石膏富集层挖除换填段落统计

	起点	终点	长度(m)	平均厚度(m)	备注
T–Q	D3K37+209.03	D3K39+300	2090.97	2.0	
	D3K72+180	D3K81+640	9460.00	2.5	先期开工段
	D2K123+640	D2K124+416.1	776.10	1.5	
	DK127+200	DK127+931.5	731.50	2.0	
	DK127+931.5	DK128+200	268.50	2.0	
	DK150+784	DK151+988.57	1204.57	1.0	
	D1K151+988.57	D1K158+060	6452.13	1.5	
Q–E	GK45+000	GK45+200	200.00	1.0	
	GK47+900	GK48+200	300.00	1.0	
	GK216+500	GK218+900	2400.00	1.0	

2.3.5　德伊高铁沿线盐渍土的分布规律

盐渍土是指含盐量超过一定数量的土，土的含盐量通常是用一定土体内含盐的重量(或质量)与其干土重量(或质量)之比,以百分数来表示。国内外有关盐渍土含盐量以及含盐类别标准的规定不同。苏联曾规定,当土中易溶盐的含量超过0.5% 或中溶盐含量超过5%时,称为盐渍土;中国通常沿用的盐渍土的界限含盐量标准是易溶盐含量大于0.3%。

盐渍土分为原生盐渍土和次生盐渍土，德伊高铁沿线盐渍土主要为原生盐渍土。原生盐渍土由自然环境因素(气候、地质、地貌、水文和土壤条件等)变化引起的土壤盐渍化。

(1)德伊高铁沿线盐渍土分布情况

图2-7至图2-9分别为德黑兰至库姆段各类盐渍土分布图,图2-10至图2-14分别为库姆-伊斯法罕段各类盐渍土分布图。

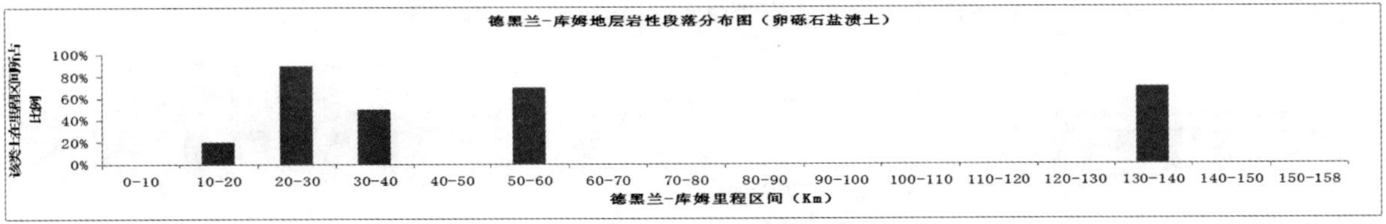

图2-7　德黑兰-库姆卵砾石盐渍土段落分布图

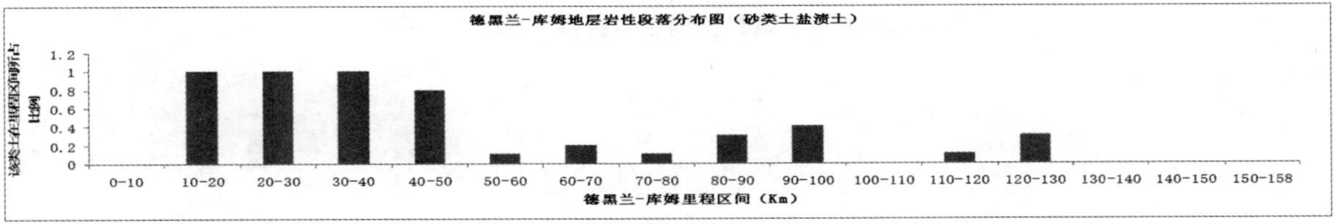

图2-8　德黑兰-库姆砂类盐渍土段落分布图

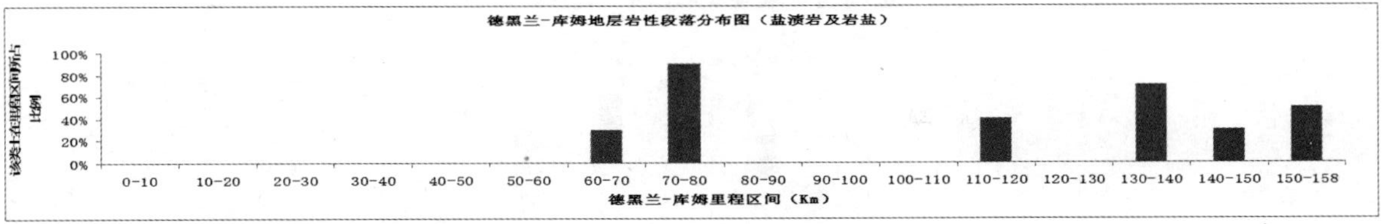

图2-9　德黑兰-库姆盐渍岩及岩盐段落分布图

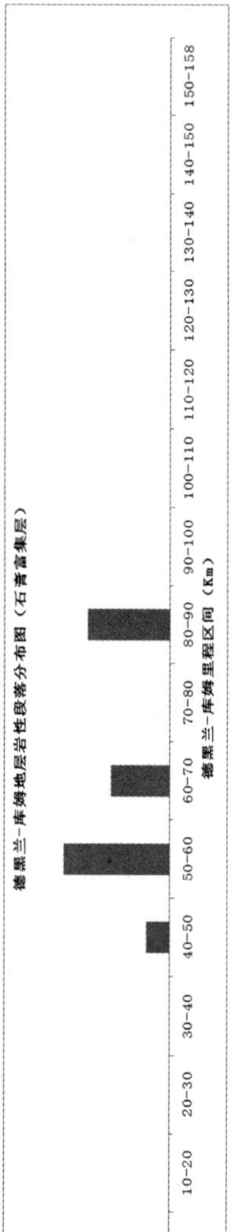

图2-10　德黑兰-库姆盐石膏富集层段落分布图

图2-11　库姆-伊斯法罕卵砾石盐渍土段落分布图

图2-12　库姆-伊斯法罕砂类盐渍土段落分布图

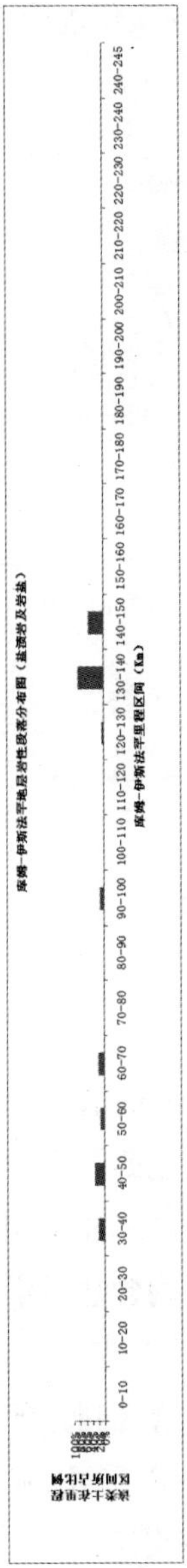

图2-13 库姆-伊斯法罕盐渍岩及岩盐段落分布图

图2-14 库姆-伊斯法罕盐石膏富集层段落分布图

图2-15与图2-16反映了TQ段与QE段pH值随深度的变化规律，可见pH值随深度增加而增加。

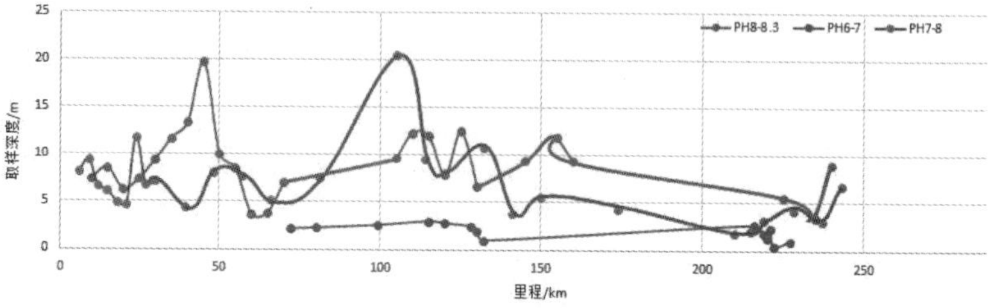

图2-15 TQ段pH值随深度的变化

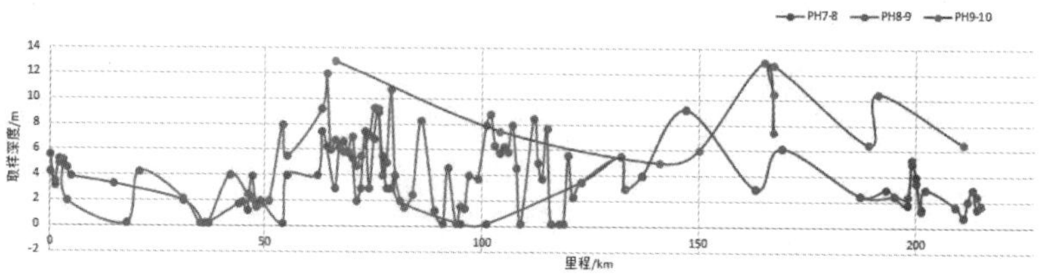

图2-16 QE段pH值随深度的变化

(2)由地形地貌决定的分布规律

盐渍土的分布往往与地形条件有密切的关系，现有的盐渍土和潜在的盐渍化地区都集中在各种大小的低地和洼地。如大小盐湖地区，且该区域盐渍土含盐量在调查范围内沿深度方向并未明显降低。表2-6为DK93+000平均含盐量表，图2-17为平均含盐量沿深度变化曲线。

①地势低洼处多是地下水的排泄区。地下水从补给区到排泄区的径流过程中，随蒸发浓缩和水岩相互作用，盐分不断积聚，矿化度不断增高，为土壤盐渍化的发育提供了充足的盐分来源；

②低地和洼地通常也是地表水的汇区，地表径流将盐分从周边地势较高处携带到此，也为土壤的盐渍化提供了盐分来源；

③低地或洼地处的潜水埋藏深度相对较浅，水分蒸发散失在大气中，而盐分则留在土壤中，不断在地表积累。此外，微地形的变化也会引起土壤盐分的再分配。

表2-6 DK93+000平均含盐量

序号	取样地点及里程	深度(m)	$c(Cl^-)/2c(SO_4^{2-})$	分类	平均含盐量	盐渍化程度
1	DK93+000	0~0.05	1.1954	亚氯盐渍土	5.440	强盐渍土
2	DK93+000	0.05~0.25	1.1111	亚氯盐渍土	1.740	中盐渍土
3	DK93+000	0.25~0.5	0.8500	亚硫酸盐渍土	0.900	中盐渍土
4	DK93+000	0.5~0.75	0.7500	亚硫酸盐渍土	0.750	中盐渍土
5	DK93+000	0.75~1	0.4375	亚硫酸盐渍土	0.800	中盐渍土
6	DK93+000	1~1.5	0.5231	亚硫酸盐渍土	1.710	中盐渍土
7	DK93+000	1.5~2	0.9286	亚硫酸盐渍土	1.580	中盐渍土
8	DK93+000	2~2.5	0.6759	亚硫酸盐渍土	1.620	中盐渍土
9	DK93+000	2.5~3	0.8000	亚硫酸盐渍土	1.760	中盐渍土
10	DK93+000	3~3.5	0.7317	亚硫酸盐渍土	1.420	中盐渍土
11	DK93+000	3.5~4	1.1719	亚氯盐渍土	1.350	中盐渍土
12	DK93+000	4~4.5	0.6439	亚硫酸盐渍土	2.070	强盐渍土
13	DK93+000	4.5~5	0.6985	亚硫酸盐渍土	1.910	中盐渍土
14	DK93+000	9.5~10	0.9483	亚硫酸盐渍土	1.750	中盐渍土
15	DK93+000	14.5~15	0.5426	亚硫酸盐渍土	2.990	强盐渍土

续表

序号	取样地点及里程	深度(m)	c(Cl⁻)/2c(SO₄²⁻)	分类	平均含盐量	盐渍化程度
16	DK93+000	19.5~20	0.4907	亚硫酸盐渍土	2.850	强盐渍土
17	DK93+000	24.5~25	2.4167	氯盐渍土	1.660	中盐渍土
18	DK93+000	29.5~30	1.4444	亚氯盐渍土	1.420	中盐渍土
19	DK93+000	34.5~35	1.2262	亚氯盐渍土	3.440	中盐渍土
20	DK93+000	39.5~40	1.4625	亚氯盐渍土	3.510	中盐渍土
21	DK93+000	44.5~45	1.2553	亚氯盐渍土	3.570	中盐渍土
22	DK93+000	49.5~50	1.9516	亚氯盐渍土	3.480	中盐渍土
23	DK93+000	54.5~55	4.5500	氯盐渍土	2.620	中盐渍土
24	DK93+000	59.5~60	4.4286	氯盐渍土	2.200	中盐渍土
25	DK93+000	64.5~65	4.5000	氯盐渍土	1.930	中盐渍土
26	DK93+000	69.5~70	7.2143	氯盐渍土	2.560	中盐渍土

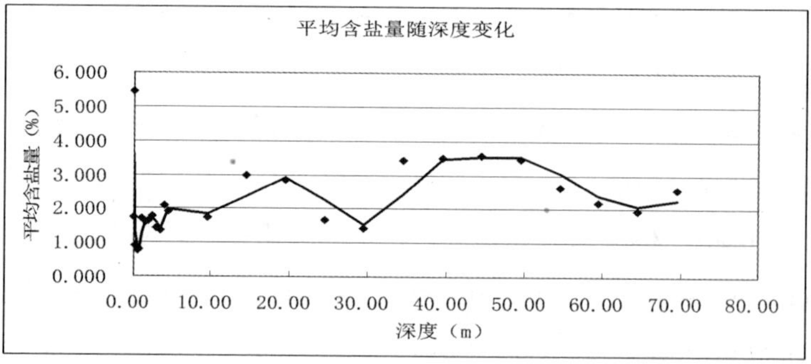

图2-17　DK93+000平均含盐量沿深度变化曲线

而DK82+900位于冲洪积平原区，表2-7为DK82+900平均含盐量表，图2-18为DK82+900平均含盐量沿深度变化曲线。从图中可见其含盐量较湖积平原小，在地下2m左右达到最大含盐量1.45%，随后沿深度增加含盐量不断降低。

表2-7 DK82+900平均含盐量表

取样地点及里程	起始深度(m)		$c(Cl^-)/2c(SO_4^{2-})$	分类	平均含盐量	盐渍化程度
DK82+900	0.00	0.05	0.1256	硫酸盐渍土	0.159	弱盐渍土
DK82+900	0.05	0.25	0.6106	亚硫酸盐渍土		
DK82+900	0.25	0.50	0.1456	硫酸盐渍土		
DK82+900	0.50	0.75	0.0728	硫酸盐渍土		
DK82+900	0.75	1.00	0.0676	硫酸盐渍土		
DK82+900	1.00	1.50	0.0025	硫酸盐渍土	1.410	中盐渍土
DK82+900	1.50	2.00	0.0039	硫酸盐渍土	1.560	中盐渍土
DK82+900	2.00	2.50	0.0072	硫酸盐渍土	1.300	中盐渍土
DK82+900	2.50	3.00	0.0139	硫酸盐渍土	1.320	中盐渍土
DK82+900	3.00	3.50	0.0077	硫酸盐渍土	1.460	中盐渍土
DK82+900	3.50	4.00	0.0049	硫酸盐渍土	1.130	中盐渍土
DK82+900	5.50	6.00	0.0059	硫酸盐渍土	1.100	中盐渍土
DK82+900	7.50	8.00	0.1594	硫酸盐渍土	0.320	中盐渍土
DK82+900	9.50	10.00	0.1770	硫酸盐渍土	0.570	中盐渍土
DK82+900	11.50	12.00	0.3662	亚硫酸盐渍土	0.260	弱盐渍土
DK82+900	13.50	14.00	0.7662	亚硫酸盐渍土	0.290	弱盐渍土

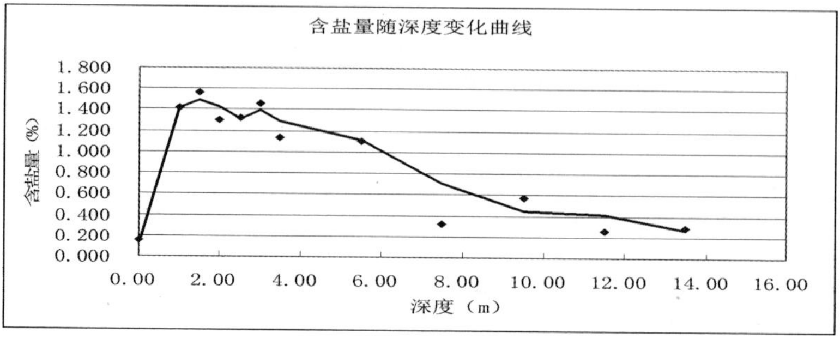

图2-18　DK82+900平均含盐量沿深度变化曲线

(3)由盐的性质决定的分布规律

盐的性质中对分布规律的影响是微观和局部的。最有明显影响的是盐的溶解度。各种盐类因其溶解度不同,故在含盐水的迁移和受蒸发的过程中,以先后不同的次序达到饱和并析出(图2-19),故在深度上,盐渍土的分布也有一定的规律。如难溶的碳酸钙,因其溶解度很小而最先析出,故碳酸钙盐渍土层埋藏较深;然后是溶解度不大的中溶盐,如硫酸钙(即石膏),达到饱和并析出,故含硫酸钙的盐渍土一般位于碳酸钙盐渍土之上;最后析出的是易溶盐。硫酸钠的溶解度较大，夏天温度高时基本溶于水（地下水和孔隙水)中,冬天温度降低时才析出,故其积盐过程具有季节性。硫酸镁和氯化钠的溶解度大,所以只有在特别干旱的时候,在强烈的地表蒸发下,浅层处的土层中才有结晶盐从溶液中析出。同样是易溶盐的氯化镁和氯化钙,其溶解度很大,且具有很强的吸湿性,所以只有当温度很高、空气特别干燥且水分很快蒸发时,才能从饱和的溶液中析出固体的盐类。但当空气的湿度一旦增高,这些盐又很快转化为溶液。

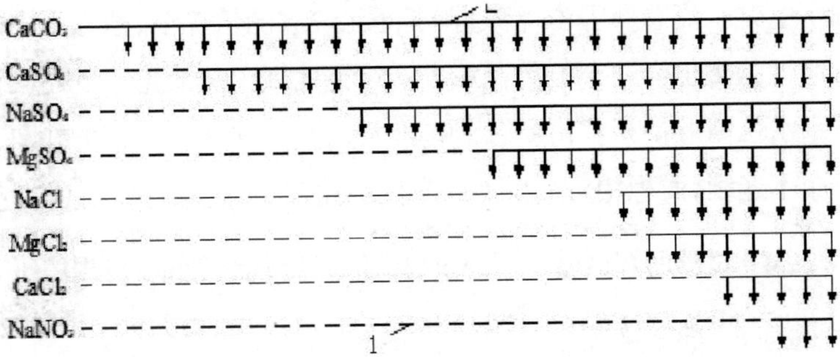

图2-19 在迁移和蒸发过程中各种盐溶液从溶液中析出的先后次序

总之,盐渍土在深度上分布的大致规律是:氯盐在地面附近的浅层处,其下为硫酸盐,碳酸盐则在较深的土层中。表2-7盐分沿深度方向的变化反映了上述规律。

(4)由气候因素决定的分布规律

全球大面积的盐渍土都分布在干旱、半干旱地带和沿海地区,相关研究表明,盐渍土的这种分布规律主要是由气候因素所决定的。

伊朗国内大部分地区和南部沿海地区属亚热带干旱、半干旱气候，其特点是干热季节长，可持续7个月，年平均降雨量30~250mm,夏干热,冬湿冷,中央高原平均降雨量在100mm以下。

干旱地区土表的积盐过程就是蒸发主导的、毛细孔隙水控制的集盐过程。一般情况下,气候愈干旱,蒸发愈强烈,通过土中毛细水作用带至土表层的盐分也就愈多。蒸发量大于降雨量数倍至数十倍干旱地区,土中毛细水上升水流占绝对优势,盐渍土呈大面积分布。

在半干旱地区,蒸发量大于降水量的比值也都大于1,土中毛细水上升水流总体上占优势,在蒸降比较大的情况下,地下水中的可溶性盐类也会逐渐汇集在地表。这类地区土盐渍化程度还受地下水水位高低及其矿化度的影响较大。因此,半干旱地区的盐渍土分布不连续,面积相对于旱地区来说也比较小。

2.4 试验所在区域——德伊高铁沿线盐渍土空间变异规律研究

2.4.1 数据来源

本文的数据来源为中铁二院,其中包括:118组水样试验数据、3239组土样试验数据、794组岩样试验数据、2229组易溶盐试验数据。其中水样试验数据中包括水源类别、化学成分、硬度及技术评价等;土样试验数据中包括颗粒分析、物理测试、化学测试、自由膨胀率等;岩样试验数据中包括物理测试、化学测试、单轴压缩与直剪;易溶盐试验数据中包括化学成分、pH值、水土比、全盐含量、含水率及盐渍土类别判定。

2.4.2 地统计学研究原理

(1)合理采样数

若想对研究区域的盐渍化程度进行现状分析，地统计是一种合理的方式,但是采样密度会影响最终的插值结果。一般说来,在相同研究区域内,较大的采样密度,可以得到较为精确的结果。但是取样密度越大就代表要付出更多的人力和物力，因此在对土壤进行现状评价时,如果想要满足所需的精度又能节省人力、物力就需要对研究区域进行合理的采样密度分析。因为土壤的理化性质一直处于变化之中且对盐分的分布和变异有着很大的影响，因此针对土壤理化性质变异剧烈程度的不同,其采样密度也需要不同。

①合理取样数的研究现状

自从地统计学广泛应用于土壤学科，国内许多学者就开始了合理采样的研究，史海滨等(1996)以河套区为研究区域，利用了经典的统计学研究了田间监测土壤盐分的合理采样方法。姜城等(2001）则利用了地理信息系统技术及地统计学方法对土壤养分状况系统下土壤的合理取样数量进行了较为精细的研究，为设置取样点的合理性提供了依据。陈光等(2008)对湖北省鄂州市的土壤盐分进行调查，通过对空间采样点的调整，比较了采样密度对插值结果的影响，提出不同土壤类型应采用不同采样密度。此外研究学者对土壤养分、元素、含水率及空隙影响下的土壤采样进行研究(阎波杰等，2008；杨贵羽等，2002；章衡等，1989)；还有许多学者研究了不同作物土壤的合理取样数目及盐分变异特征（付明鑫等，2004；李柳霞等，2007；谢恒星等，2007；林清火等，2013)。总之，在对土壤进行现状评价时，合理取样是关乎能否精准插值的前提，因此必须进行取样的合理性研究。

②合理采样原理

在经典统计学中，假设在一个总体中取出n个样本，计算其平均值为ζ_n，而这个总体的均值为μ方差为σ^2，那么想要小于某一精度的概率的置信水平P_1的计算公式为：

$$P\{ | \zeta-\mu \leqslant \lambda = P_{1P} \} \tag{2-1}$$

假设样点的数量够多且相互独立，那么随机变$\eta=(\zeta_n-\mu)/(\sigma^2/n)$服从标准正态分布，假设置信水平等于90%，则

$$P\{ \eta \leqslant 1.645 \}=90\% \tag{2-2}$$

其符合90%置信水平的样本数的计算公式即为：

$$n = 2.71|\sigma / c\mu|^2 ,\ P_1 = 90\% \tag{2-3}$$

其中c为采样精度，当用样本方差s^2代替总体方n差时，采样数量的计算公式则为：

$$n = t_a^{\ 2}(S / \lambda)^2 \tag{2-4}$$

其中t可由t分布表查询而得。

(2)空间变异理论

研究区域化变量的结构特征最重要的基础便是变异函数，也称变异矩。如果研究区域内任意一点x发生变化时，其区域化变量$Z(x)$和与位于$x+h$处的变量 $Z(x+h)$的差的方差的一半即为$Z(x)$的半方差：$\gamma(x,h)$，其计算公式为：

$$\gamma(h) = \frac{1}{2}E\left[Z(x) - Z(x+h)\right]^2 \tag{2-5}$$

当满足二阶平稳，即区域化变量的方差γ(x,h)与位置点x无关时，方差就可以缩写为γ(h)，其计算公式则为：

$$\gamma(h) = \frac{1}{2}E\left[Z(x) - Z(x+h)\right]^2 \tag{2-6}$$

一般来说，变异函数是随着变量h的增大而变大的单向递增函数，在理想情况下，变异函数的曲线是通过原点，但是在实际中γ(0)不等于0，而是等于一个常数C_0(块金值)，我们称这种现象为块金效应。导致块金效应的原因主要有两个方面，一个是变量$Z(x)$在抽样尺度小于h时候的自身变异，另外则可能是由于分析所导致的误差。但是变异函数并不是无限增大的曲线，它存在着“跃迁现象”。这个产生极值处的h即为变程a，而这个极限值γ(∞)也就是所谓的基台值，由图2-20我们可以看出，当 $h<a$ 时，$\gamma(h)$与h具有相关

性,所以变程反映的是变量的影响范围,因此对区域变量的研究分析时,采样点必须考虑其变程a。

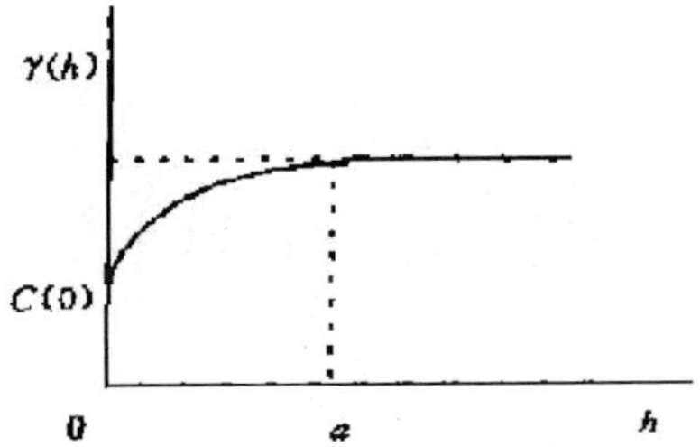

图2-20 跃迁型变异函数曲线

因为变异函数$\gamma(h)$能够反映区域化变量$Z(x)$的结构性、随机性,因此在同一方向上都存在着变量不同或者相同的性质,若变异性不同,那么就称$Z(x)$为各向异性,若变异性反之,我们便称之为各向同性。一般而言,绝对的各向同性是不存在的,其多为相对同性,而变异的各向异性是绝对存在的。

为了描述区域特征中某个研究变量的变化规律,人们建立了变异函数的理论模型,但是为了确保模型的精确性,在建立的过程中就需要根据计算得出的变异函数的数值,选择最合适的模型来进行最优拟合。这些模型主要包含了线性模型和曲线模型两种,主要包含指数、高斯、球状、线性有基台值模型等,本文常用模型为前三种,其一般公式如下。

指数模型:

$$\gamma(h)=\begin{cases}0\\ C_0+C\left(1-e^{-\frac{a}{h}}\right)\end{cases} \tag{2-7}$$

高斯模型：

$$\gamma(h)=\begin{cases}0\\ C_0+C\left(1-e^{-\frac{h^2}{a^2}}\right)\end{cases} \tag{2-8}$$

球状模型：

$$\gamma(h)=\begin{cases}0\\ C_0+C(\frac{3}{2}\frac{h}{a}-\frac{1}{2}\frac{h^3}{a^3})\\ C_0+C\end{cases} \tag{2-9}$$

这三种模型的变程以指数模型的最大，球状模型的最小，其比较图见图2–21。

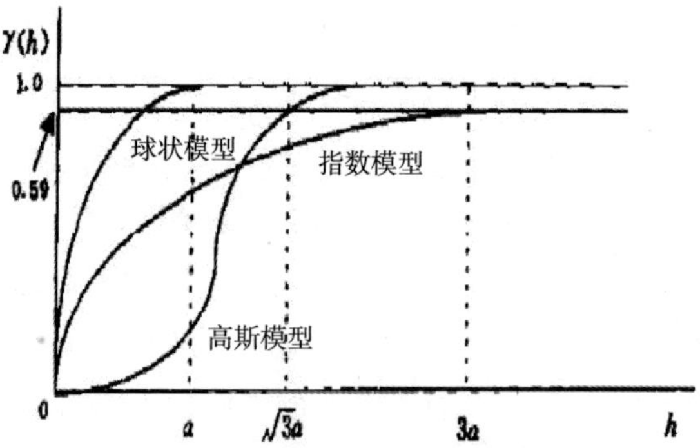

图2–21　模型变程比较

模型的选取是通过得到变异函数和距离的散点图，通过各个模型的拟合以确定最优模型。最优模型确立后还需进行回归检验，以确定其显著性。显著性检验一般是通过以下两种方式：残差或标准误差、相关系数或绝对系数。一般来说拟合曲线的显著性越好，则残差或标准误差愈小，而相关系数或绝对系数越大则证明回归模型拟合得越好。其中残差RSS和标准误差的计算公式如下：

$$RSS=\sum_{i=1}^{n}\left(y_i-\hat{y}_i\right)^2 \tag{2-10}$$

$$S=\left(\frac{SSR}{n-2}\right)^{0.5}=\left[\frac{1}{\mathrm{n}-2}\sum_{i=1}^{n}(y_i-\hat{y}_i)^2\right]^{0.5} \tag{2-11}$$

对于影响$\gamma(h)$的稳健性的偏态数据分布，我们采用的处理方式为正态变换以修改数据。其方法有很多，包括反正余弦变换、平方根变换、对数变换和剔除特异值。正态变换的公式如下所示：

反正弦变换：

$$X_{ij}^{r}=\sin^{-1}(\sqrt{X_{ij}/10^{n}}\quad(\mathrm{n}=0,\ 1\cdots\cdots) \tag{2-12}$$

反余弦变换：

$$X_{ij}^{r}=\cos^{-1}(\sqrt{X_{ij}/10^{n}}\quad(\mathrm{n}=0,\ 1\cdots\cdots) \tag{2-13}$$

平方根变换：

$$X_{\mathrm{ij}}=\sqrt{X_{ij}+C} \tag{2-14}$$

对数变换：

$$X_{\mathrm{ij}}=\lg(cX_{ij}) \tag{2-15}$$

在空间结构特征分析中，块金比$C_0/(C_0+C)$反映的变异参数的空间相关性，块金值代表由随机因素（包括小于取样尺度的人类活动或实验误差）引起的变异量，若块金值过大，则应考虑小尺度上的随机因素，而块金值过小，则应考虑结构性因素（如土体母质、气候等因素)引起的变异。如果块金比小于25%,则参数呈现较强空间相关性;块金比介于25%~75%之间,则其空间相关性中等;若块金比大于75%,则空间相关性很弱;若块金比接近于1,那么参数具有恒定的变异,这时称之为纯块金效应。

而表示变异强度的变异系数如在0~0.2之间则为弱变异，中等变异的变异系数在0.2~0.5,如果超过0.5其变异就属于强变异。

2.4.3　盐分离子统计特征层位变化

不同层位盐分离子的统计是基于试验结果进行统计的。从表2-8至表2-12可以看出盐分离子均值都呈表聚现象,主要是由于地下水参与积盐的作用大大降低,盐分聚集主要靠蒸发作用,在强光照和少雨的气候下,盐分随毛细作用积聚在土壤表层。变异系数在深度范围内常属于强变异,且从层位上看,不仅表层较高,地下10米左右又是一个高点，说明在蒸发作用和地下水作用下导致变异程度变大。

表2-8　德伊高铁沿线不同层位Mg^{2+}离子统计特征参数

	深度(m)	极大值	极小值	均值	标准差	变异系数	偏度	峰度
TQ	0~1	0.1376	0.0012	0.0115	0.0222	1.9347	5.4861	31.7162
	1~2	0.0354	0.0000	0.0080	0.0065	0.8035	1.6633	3.2070
	2~3	0.0303	0.0012	0.0075	0.0050	0.6702	2.0193	5.5685
	3~4	0.0338	0.0000	0.0066	0.0055	0.8294	2.4174	7.7749
	2~5	0.0266	0.0000	0.0060	0.0046	0.7772	2.2680	7.7201
	2~6	0.0194	0.0000	0.0058	0.0041	0.6984	1.7169	3.4965
	6~7	0.0231	0.0000	0.0048	0.0037	0.7584	2.6941	11.7934

续表

	深度(m)	极大值	极小值	均值	标准差	变异系数	偏度	峰度
TQ	7~8	0.0133	0.0000	0.0050	0.0028	0.5582	0.8700	1.1508
	8~9	0.0145	0.0000	0.0054	0.0034	0.6366	1.2761	1.4935
	9~10	0.1201	0.0000	0.0093	0.0182	1.9560	5.9025	36.4783
	10~20	0.0425	0.0000	0.0055	0.0046	0.8338	3.6853	22.1582
	20~30	0.0243	0.0000	0.0051	0.0034	0.6701	2.5805	12.2687
	30 以下	0.0121	0.0024	0.0066	0.0031	0.4618	0.5151	（0.3885）
QE	0~1	0.1136	0.0007	0.0109	0.0154	1.4224	4.7904	32.1696
	1~2	0.0415	0.0000	0.0082	0.0062	0.7555	2.3454	10.3598
	2~3	0.0387	0.0000	0.0080	0.0060	0.7513	1.4355	3.6431
	3~4	0.0230	0.0024	0.0072	0.0058	0.8034	2.0150	4.4931
	2~5	0.0218	0.0000	0.0056	0.0044	0.7799	2.0703	6.2677
	5~6	0.0966	0.0000	0.0081	0.0148	1.8351	7.0896	56.8817
	6~7	0.0146	0.0000	0.0056	0.0038	0.6907	0.9291	0.4975
	7~8	0.0169	0.0000	0.0054	0.0042	0.7796	1.1020	2.9799
	8~9	0.0145	0.0000	0.0058	0.0035	0.6069	0.4232	1.4193
	9~10	0.0217	0.0000	0.0054	0.0034	0.6425	1.5547	6.4138
	10~20	0.0217	0.0000	0.0054	0.0034	0.6425	1.5547	6.4138
	20~30	0.0121	0.0000	0.0055	0.0044	0.7883	0.5751	2.2031

表2-9 德伊高铁沿线不同层位Ca^{2+}离子统计特征参数

	深度(m)	极大值	极小值	均值	标准差	变异系数	偏度	峰度
TQ	0~1	0.513	0.016	0.219	0.145	0.662	0.378	−0.913
	1~2	0.590	0.008	0.162	0.152	0.944	0.801	−0.531
	2~3	0.488	0.002	0.076	0.096	1.268	1.970	3.710
	3~4	0.449	0.005	0.065	0.091	1.390	2.345	5.378
	2~5	0.368	0.003	0.067	0.095	1.431	1.797	1.834
	5~6	0.364	0.005	0.055	0.078	1.426	2.537	6.353
	6~7	0.294	0.005	0.048	0.062	1.305	2.398	5.758
	7~8	0.291	0.003	0.042	0.059	1.389	2.485	6.578
	8~9	0.291	0.007	0.047	0.056	1.179	2.309	6.408
	9~10	0.328	0.004	0.076	0.098	1.282	1.385	0.424
	10~12	0.316	0.004	0.058	0.072	1.239	1.596	1.738
	15~15	0.246	0.002	0.047	0.061	1.307	2.107	3.666
	15 以下	0.505	0.002	0.040	0.071	1.753	3.623	14.711
QE	0~1	0.654	0.001	0.148	0.146	0.982	1.196	0.710
	1~2	0.626	0.008	0.101	0.106	1.049	1.614	3.424
	2~3	0.530	0.008	0.101	0.106	1.042	1.583	2.367
	3~4	0.371	0.008	0.062	0.074	1.187	2.103	4.502
	2~5	0.493	0.008	0.069	0.095	1.389	2.744	8.285
	5~6	0.214	0.008	0.041	0.044	1.086	2.128	4.170
	6~7	0.131	0.008	0.036	0.031	0.867	1.576	1.745
	7~8	0.097	0.008	0.022	0.014	0.622	3.216	15.259

续表

	深度(m)	极大值	极小值	均值	标准差	变异系数	偏度	峰度
QE	8~9	0.151	0.008	0.031	0.039	1.259	2.352	4.441
	9~10	0.198	0.008	0.033	0.039	1.201	2.950	9.338
	10~1	0.124	0.008	0.026	0.022	0.881	2.890	8.564
	13 以下	0.145	0.008	0.021	0.020	0.935	4.747	27.984

表2–10　德伊高铁沿线不同层位SO_4^{2-}离子统计特征参数

	深度(m)	极大值	极小值	均值	标准差	变异系数	偏度	峰度
TQ	0~1	0.02000	1.41000	0.52000	0.34755	0.66837	0.72949	0.35137
	1~2	0.00482	1.65835	0.40274	0.39728	0.98646	1.03544	0.24148
	2~3	0.00482	1.44220	0.18957	0.24703	1.30312	2.23683	6.06341
	3~4	0.00000	1.43400	0.17717	0.25781	1.45513	2.45825	6.51977
	2~5	0.00000	0.88399	0.16781	0.24455	1.45734	1.79234	1.80607
	5~6	0.00000	0.87814	0.12434	0.17155	1.37965	2.58168	7.11670
	6~7	0.00000	0.88601	0.11878	0.16915	1.42405	2.65808	8.10470
	7~8	0.00000	0.78145	0.10710	0.15388	1.43678	2.58789	7.69845
	8~9	0.00483	0.63617	0.11457	0.13695	1.19537	2.05948	4.24658
	9~10	0.00482	0.92252	0.20353	0.26205	1.28752	1.40022	0.59196
	10~11	0.00000	0.49258	0.11944	0.14240	1.19225	1.35317	0.60346
	11~12	0.00000	0.74408	0.14580	0.18412	1.26286	1.64009	1.92690
	12~13	0.00000	0.61397	0.12136	0.16641	1.37119	2.03168	3.46260

续表

	深度(m)	极大值	极小值	均值	标准差	变异系数	偏度	峰度
TQ	13~14	0.00509	0.50507	0.08029	0.11441	1.42489	3.04803	10.08027
	12~15	0.00776	0.61849	0.12948	0.17424	1.34562	2.09441	3.34357
	15~16	0.00485	0.61999	0.14807	0.18475	1.24775	1.83761	2.53616
	16~17	0.00000	0.48528	0.07859	0.11081	1.40995	2.96766	8.60656
	17~18	0.00387	2.60472	0.19592	0.57081	2.91345	4.28372	18.52395
	18~19	0.00484	0.44143	0.07220	0.10666	1.47728	2.76328	8.21081
	19~20	0.00676	0.87091	0.16990	0.24393	1.43572	2.18401	4.65523
	20 以下	0.00000	1.44386	0.11885	0.22595	1.90122	3.50124	13.32318
QE	0~1	0.0000	1.5695	0.3617	0.3612	0.9984	1.2192	0.7049
	1~2	0.0000	1.5159	0.2582	0.2736	1.0597	1.4286	2.5458
	2~3	0.0000	1.3150	0.2706	0.2763	1.0213	1.3414	1.4392
	3~4	0.0000	0.9649	0.1455	0.1774	1.2187	2.3022	6.1984
	2~5	0.0000	1.2906	0.1594	0.2474	1.5527	2.9792	10.1168
	5~6	0.0048	0.5795	0.1035	0.1233	1.1917	2.1279	4.3404
	6~7	0.0048	0.3247	0.0862	0.0805	0.9337	1.4567	1.2409
	7~8	0.0000	0.1843	0.0464	0.0360	0.7766	1.3950	2.7294
	8~9	0.0048	0.3951	0.0685	0.0986	1.4399	2.4315	5.1001
	9~10	0.0000	0.5229	0.0825	0.1043	1.2649	2.7937	8.9732
	10~15	0.0000	0.2618	0.0530	0.0487	0.9194	2.4714	7.6915
	15~20	0.0000	0.3815	0.0637	0.0858	1.3459	3.2161	11.6523

表2-11 德伊高铁沿线不同层位Cl^-离子统计特征参数

	深度(m)	极大值	极小值	均值	标准差	变异系数	偏度	峰度
TQ	0~1	1.8630	0.0186	0.2420	0.3606	1.4901	2.9452	9.6998
	1~2	2.1987	0.0182	0.3061	0.4108	1.3421	2.7028	8.3827
	2~3	1.9006	0.0151	0.1646	0.2600	1.5796	4.4120	26.3261
	3~4	0.6689	0.0057	0.1132	0.1265	1.1174	2.0003	4.4024
	2~5	0.9957	0.0073	0.1055	0.1426	1.3521	3.6717	16.8041
	5~6	0.6327	0.0065	0.1160	0.1285	1.1077	2.1817	4.9564
	6~7	1.2551	0.0057	0.1742	0.2232	1.2813	2.7940	9.5435
	7~8	0.4128	0.0129	0.0890	0.0890	1.0002	1.8299	3.3602
	8~9	1.0273	0.0179	0.1542	0.2192	1.4218	2.8347	8.1456
	9~10	0.8597	0.0072	0.0930	0.1564	1.6814	3.5042	13.6082
	10~20	0.7487	0.0043	0.1132	0.1198	1.0577	2.0836	5.1600
	20~30	0.6113	0.0107	0.1275	0.1302	1.0214	1.6073	2.1238
	30 以下	0.5326	0.0215	0.2501	0.1507	0.6027	0.1251	1.0039
QE	0~1	2.1448	0.0050	0.1060	0.2221	2.0960	6.6732	54.4258
	1~2	0.3214	0.0057	0.0638	0.0645	1.0099	1.9727	4.1232
	2~3	0.3588	0.0053	0.0634	0.0705	1.1125	1.9831	4.0876
	3~4	0.3874	0.0072	0.0778	0.0697	0.8960	1.6391	2.9618
	2~5	0.2642	0.0064	0.0733	0.0631	0.8610	1.1314	0.5935
	5~6	0.2687	0.0071	0.0855	0.0680	0.7958	0.7871	0.2367
	6~7	0.3017	0.0079	0.0700	0.0540	0.7719	1.7570	4.6229
	7~8	0.3895	0.0093	0.0856	0.0770	0.8995	2.1739	5.5904
	8~9	0.2789	0.0057	0.0603	0.0532	0.8827	2.6561	9.3456
	9~10	0.2866	0.0142	0.1030	0.0889	0.8626	0.9364	0.6534
	10~20	0.3277	0.0039	0.0617	0.0576	0.9329	2.2433	5.5663
	20~30	0.2362	0.0358	0.1116	0.0716	0.6416	0.7515	1.3865

表2-12 德伊高铁沿线不同层位Na^+、K^+离子统计特征参数

	深度(m)	极大值	极小值	均值	标准差	变异系数	偏度	峰度
TQ	0~1	0.003	1.299	0.184	0.265	1.438	2.666	7.996
	1~2	0.003	0.661	0.130	0.134	1.030	2.029	4.554
	2~3	0.003	0.537	0.080	0.094	1.168	2.590	7.742
	3~4	0.007	0.447	0.083	0.078	0.941	1.941	4.425
	2~5	0.012	0.441	0.073	0.061	0.843	3.032	13.484
	5~6	0.009	0.255	0.070	0.053	0.764	2.500	6.962
	6~7	0.009	0.244	0.078	0.051	0.650	1.109	1.327
	7~8	0.000	0.272	0.065	0.053	0.818	2.183	5.845
	8~9	0.018	0.516	0.080	0.082	1.027	3.845	18.569
	9~10	0.006	0.333	0.052	0.053	1.022	3.853	18.991
	10~20	0.001	1.097	0.091	0.097	1.059	5.074	45.402
	20~30	0.007	0.443	0.107	0.094	0.878	1.557	2.160
	30 以下	0.020	0.380	0.203	0.120	0.592	−0.306	−1.423
QE	0~1	0.000	1.550	0.078	0.156	1.998	6.971	59.351
	1~2	0.000	0.234	0.054	0.052	0.963	1.465	1.521
	2~3	0.000	1.550	0.063	0.114	1.826	10.367	133.019
	3~4	0.003	0.303	0.059	0.052	0.877	2.002	5.075
	2~5	0.001	0.194	0.053	0.044	0.827	1.116	0.699
	5~6	0.001	0.235	0.068	0.054	0.788	0.951	0.241
	6~7	0.011	0.238	0.057	0.037	0.645	2.370	9.369
	7~8	0.001	0.272	0.068	0.159	2.328	6.828	56.835
	8~9	0.010	0.206	0.050	0.036	0.729	3.109	12.671
	9~10	0.009	0.215	0.081	0.066	0.816	0.989	−0.467
	10~20	0.003	0.241	0.051	0.040	0.789	2.335	6.382
	20~30	0.033	0.179	0.089	0.054	0.612	0.781	−1.205

Cl^-离子在TQ段2~3m与9~10m深度范围内变异系数较大，Cl^-离子在QE段0~1m与10~20m深度范围内变异系数较大。

K^+、Na^+离子在TQ段0~3m与8~10m深度范围内变异系数较大，K^+、Na^+离子在QE段1~3m与7~8m深度范围内变异系数较大。

Mg^{2+}离子在TQ段0~1m与9~10m深度范围内变异系数较大，K^+、Mg^{2+}离子在QE段0~1m与5~6m深度范围内变异系数较大。

Ca^{2+}离子与SO_4^{2-}离子沿深度范围变异系数均较大，且具有相似的变化规律。Ca^{2+}离子与SO_4^{2-}离子沿深度范围变异系数大说明高铁沿线Ca^{2+}离子与SO_4^{2-}离子分布不均匀，变化规律相似说明Ca^{2+}离子与SO_4^{2-}离子主要以$CaSO_4$的形式共存。

从上述情况可见Cl^-、K^+、Na^+、Mg^{2+}离子在土层沿深度上有相似的变异性，即在表层0~3m与地下5~10m的地层中变异系数较大，这说明表层自然环境对Cl^-、K^+、Na^+、Mg^{2+}离子有很大影响；而5~10m的地层中Cl^-、K^+、Na^+、Mg^{2+}离子变异系数较大，这主要是受地下水影响较大。

从Cl^-、Na^+、SO_4^{2-}这三种离子含量来说，离子排序是表层SO_4^{2-}>Cl^->Na^+，深层Cl^->Na^+> SO_4^{2-}；说明土壤盐渍化类型由表层的氯化物–硫酸盐型向底层过渡为硫酸盐–氯化物型。

2.4.4　盐分空间结构特征层位变化

将全盐量进行盐分结构分析：

表2–13　德伊高铁TQ段不同土层全盐量变异函数理论模型参数

深度（m）	理论模型	块金值 C_0	C_0+C	A_0	R_2	RSS
0~1	G	0.30552	2.89	21.7	0.306	27.4

续表

深度(m)	理论模型	块金值 C_0	C_0+C	A_0	R_2	RSS
1~2	G	0.16600	0.5500	23.3	0.192	1.0900
2~3	G	0.11457	1.8110	39.4	0.662	3.3900
3~4	G	0.03670	0.3050	32.2	0.735	0.0499
2~5	G	0.06500	0.3280	26.8	0.564	0.0860
5~6	G	0.03510	0.0742	20.3	0.277	0.0067
6~7	G	0.00110	0.0502	5.2	0.028	0.0037
7~8	G	0.04550	0.1270	64.2	0.183	0.0241
8~9	G	0.03490	0.1428	2.3	0.013	0.0961
9~10	S	0.01990	0.2568	7.1	0.074	0.2690
10~11	G	0.14000	0.7430	150.1	0.308	0.5680
11~12	G	0.03030	0.1846	51.4	0.396	0.0545
12~13	G	0.07450	0.2320	41.7	0.266	0.1040
13~14	S	0.00150	0.1180	2.3	0	0.0801
12~15	G	0.00010	0.0402	3.1	0.056	0.0214
15~20	S	0.00040	0.2690	1.6	0	0.0028
20~30	G	0.00100	1.7460	45.6	0.562	5.1000
17~18	G	0.30552	2.8900	21.7	0.306	27.4000
18~19	G	0.16600	0.5500	23.3	0.192	1.0900
19~20	G	0.11457	1.8110	39.4	0.662	3.3900
20 以下	G	0.03670	0.3050	32.2	0.735	0.0499

表2-14 德伊高铁QE段不同土层全盐量变异函数理论模型参数

深度(m)	理论模型	块金值 C_0	基台 C_0+C	变程 A_0	R_2	RSS
0~1	G	0.3120	0.676	18.7	0.105	1.2200
1~2	S	0.0301	0.127	4.7	0.007	0.2050
2~3	G	0.0535	0.323	4.4	0.044	0.0970
3~4	S	0.0210	0.137	22.6	0.087	0.1030
2~5	G	0.0090	0.330	12.9	0.081	1.1800
5~6	S	0.0255	0.520	47.4	0.098	0.0060
6~7	S	0.0046	0.016	77.7	0.501	0.0002
7~8	E	0.0009	0.011	1.9	0.003	0.0006
8~9	S	0.0014	0.041	4.0	0	0.0090
9~10	S	0.0109	0.100	10.0	0.024	0.7080
10~11	S	0.0015	0.007	21.1	0.039	0.0004
11~12	L	0.0177	0.018	88.5	0.010	0.0050
12~13	G	0.0084	0.061	111.1	0.329	0.0020

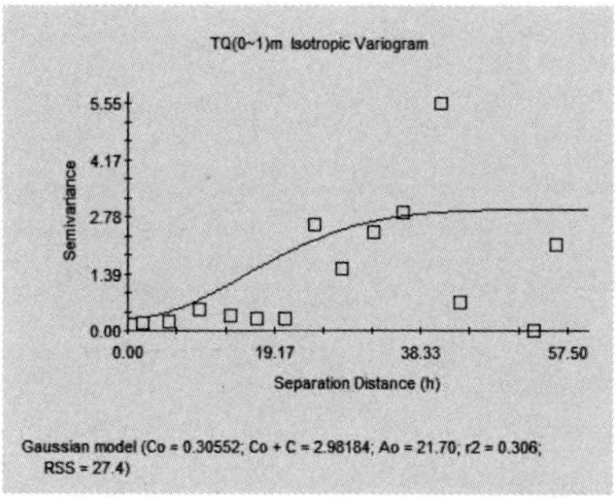

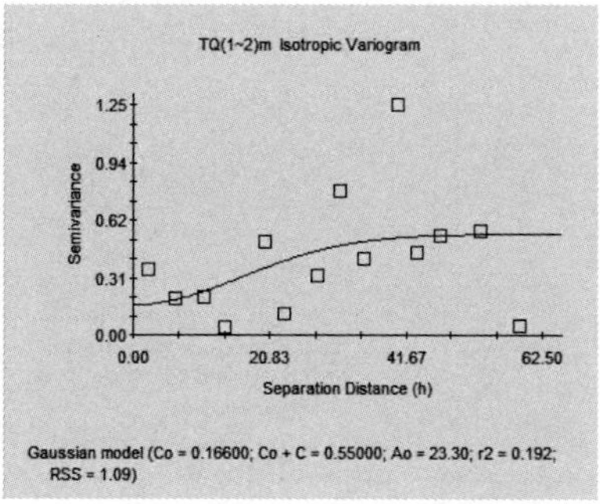

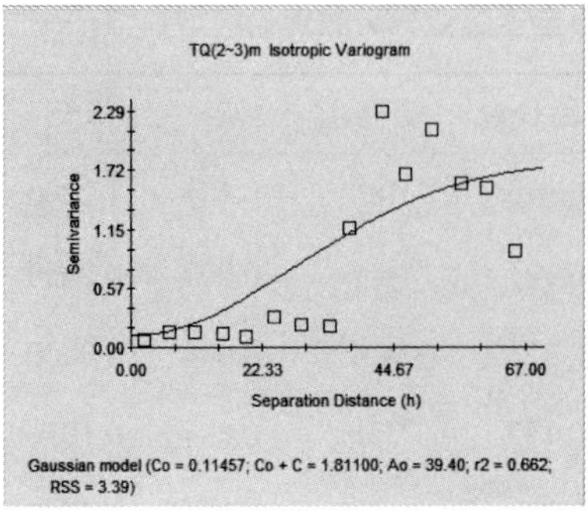
TQ(2~3)m Isotropic Variogram
Semivariance
Separation Distance (h)
Gaussian model (Co = 0.11457; Co + C = 1.81100; Ao = 39.40; r2 = 0.662; RSS = 3.39)

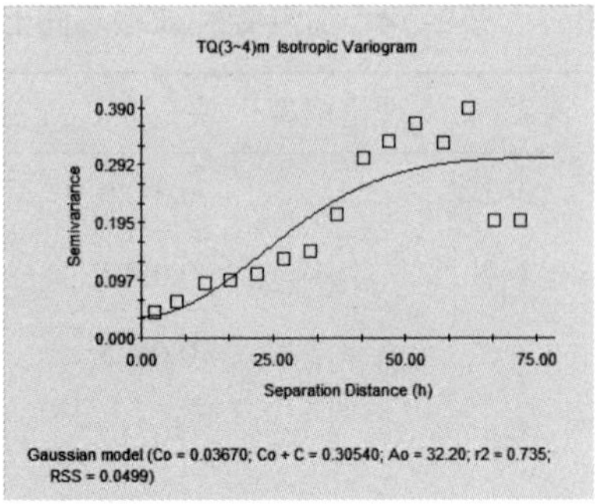
TQ(3~4)m Isotropic Variogram
Semivariance
Separation Distance (h)
Gaussian model (Co = 0.03670; Co + C = 0.30540; Ao = 32.20; r2 = 0.735; RSS = 0.0499)

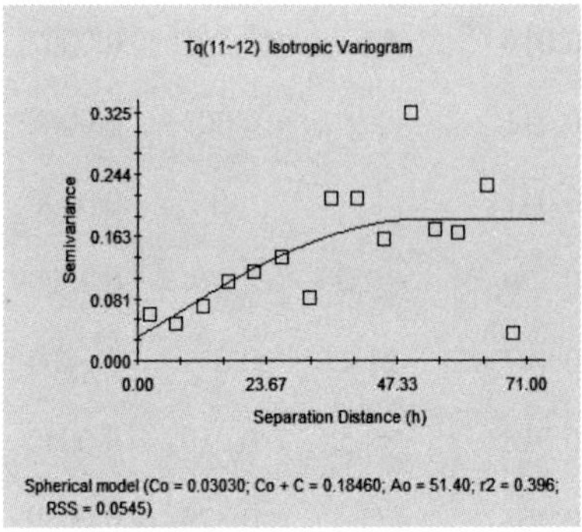
Tq(11~12) Isotropic Variogram
Semivariance
Separation Distance (h)
Spherical model (Co = 0.03030; Co + C = 0.18460; Ao = 51.40; r2 = 0.396; RSS = 0.0545)

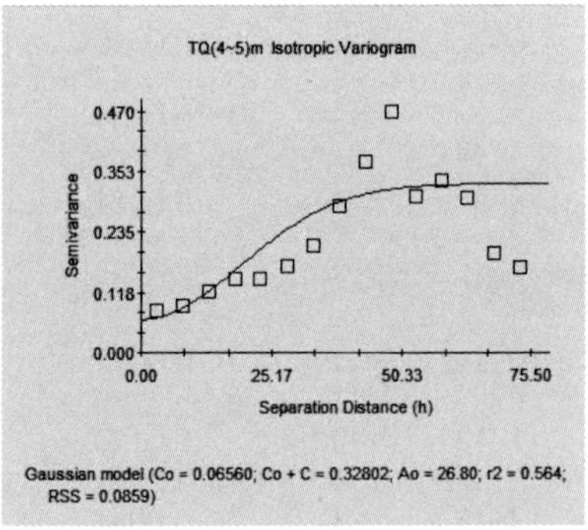
TQ(4~5)m Isotropic Variogram
Semivariance
Separation Distance (h)
Gaussian model (Co = 0.06560; Co + C = 0.32802; Ao = 26.80; r2 = 0.564; RSS = 0.0859)

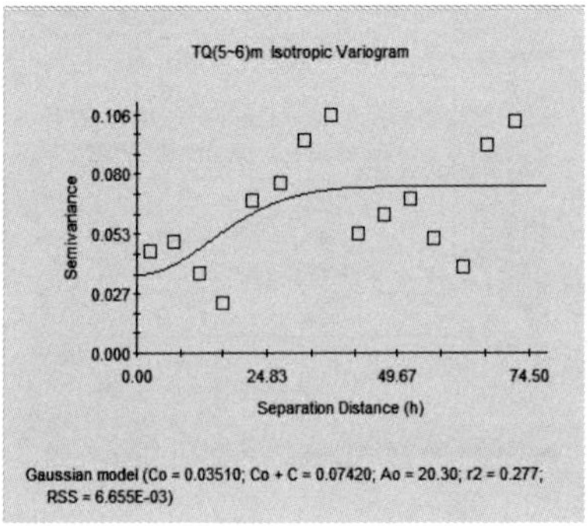
TQ(5~6)m Isotropic Variogram
Semivariance
Separation Distance (h)
Gaussian model (Co = 0.03510; Co + C = 0.07420; Ao = 20.30; r2 = 0.277; RSS = 6.655E-03)

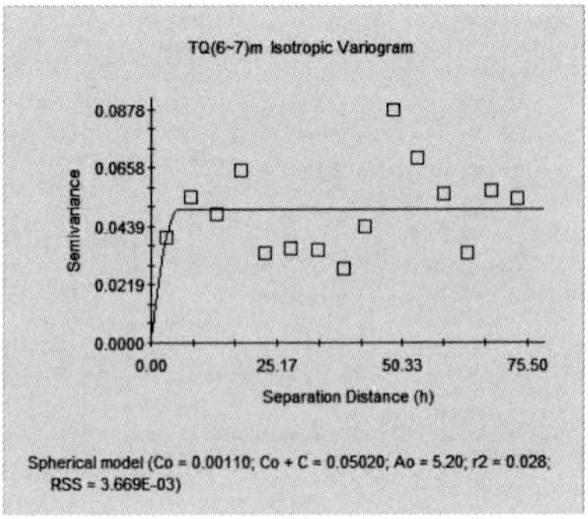
TQ(6~7)m Isotropic Variogram
Semivariance
Separation Distance (h)
Spherical model (Co = 0.00110; Co + C = 0.05020; Ao = 5.20; r2 = 0.028; RSS = 3.669E-03)

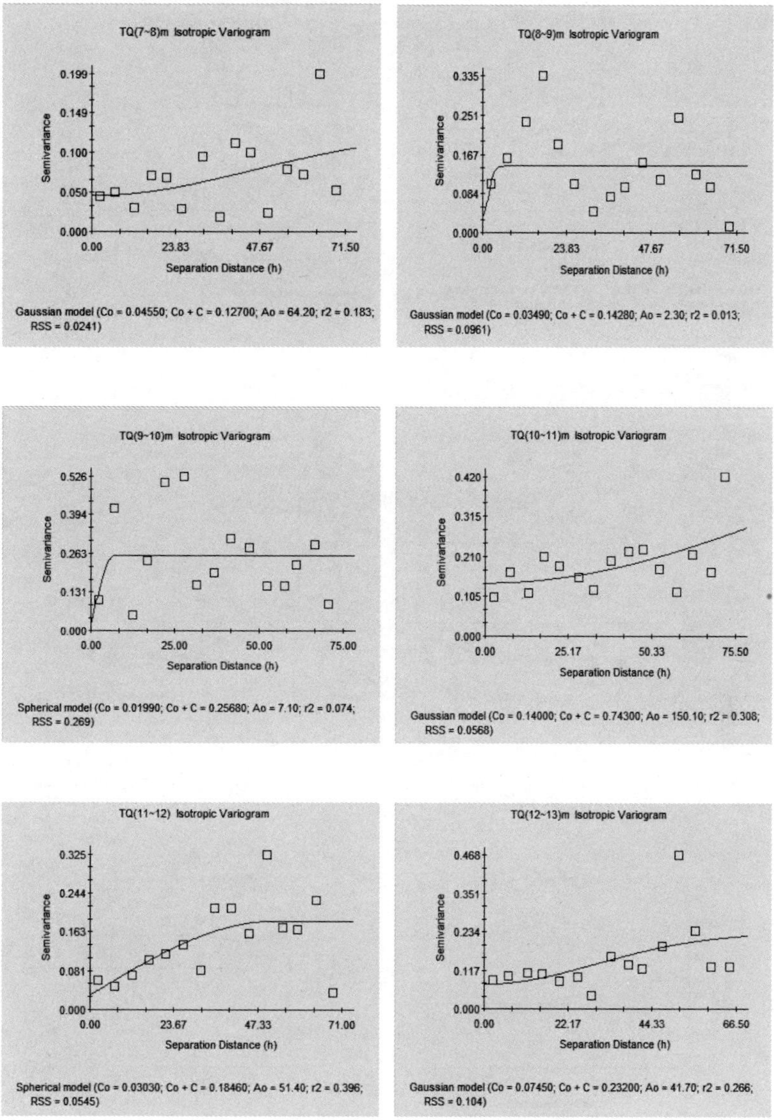

图2–22 TQ段不同层位盐分半方差模型图

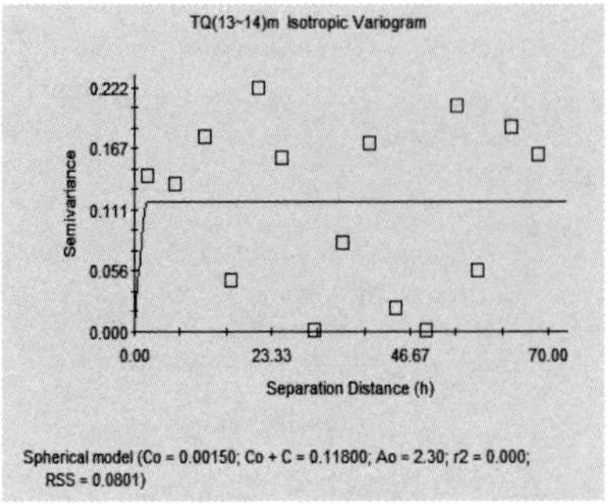
TQ(13~14)m Isotropic Variogram
Semivariance
Separation Distance (h)
Spherical model (Co = 0.00150; Co + C = 0.11800; Ao = 2.30; r2 = 0.000; RSS = 0.0801)

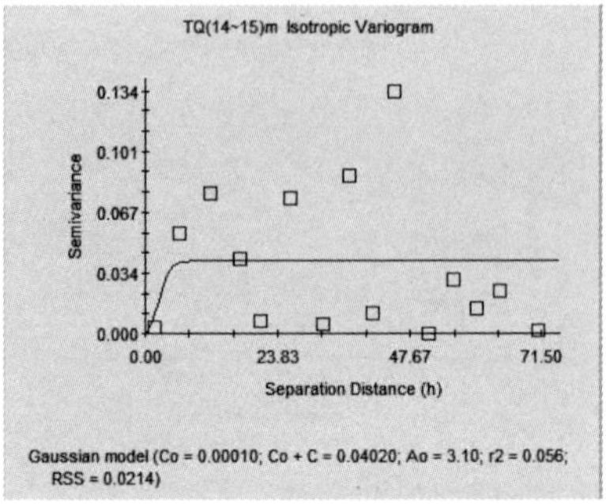
TQ(14~15)m Isotropic Variogram
Semivariance
Separation Distance (h)
Gaussian model (Co = 0.00010; Co + C = 0.04020; Ao = 3.10; r2 = 0.056; RSS = 0.0214)

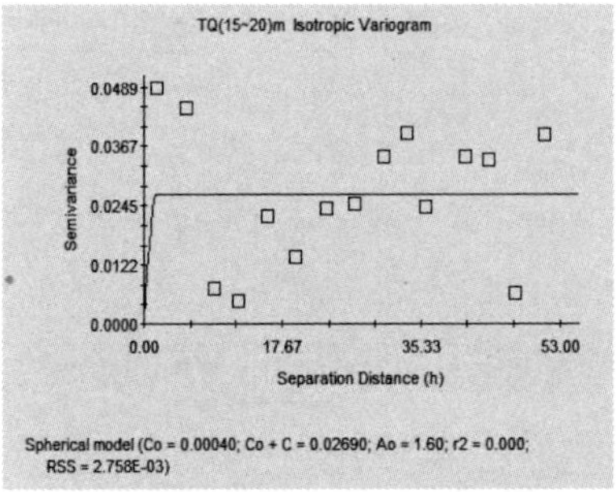
TQ(15~20)m Isotropic Variogram
Semivariance
Separation Distance (h)
Spherical model (Co = 0.00040; Co + C = 0.02690; Ao = 1.60; r2 = 0.000; RSS = 2.758E-03)

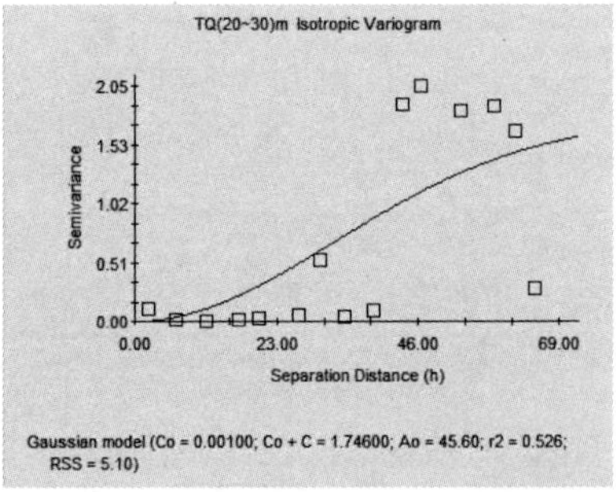
TQ(20~30)m Isotropic Variogram
Semivariance
Separation Distance (h)
Gaussian model (Co = 0.00100; Co + C = 1.74600; Ao = 45.60; r2 = 0.526; RSS = 5.10)

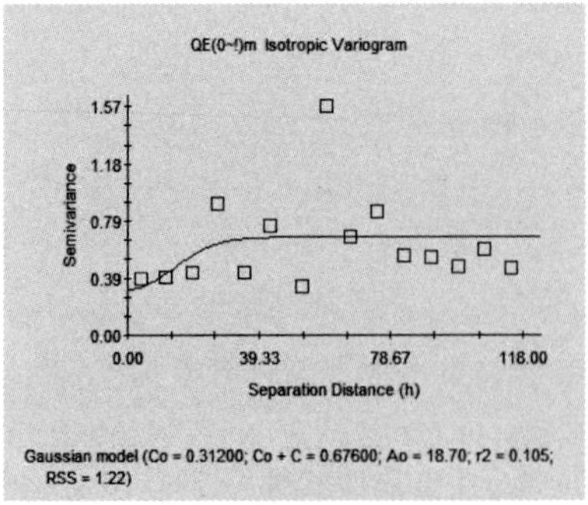
QE(0~!)m Isotropic Variogram
Semivariance
Separation Distance (h)
Gaussian model (Co = 0.31200; Co + C = 0.67600; Ao = 18.70; r2 = 0.105; RSS = 1.22)

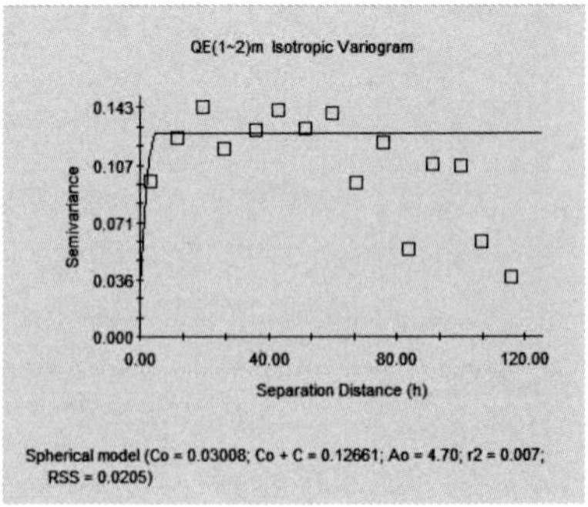
QE(1~2)m Isotropic Variogram
Semivariance
Separation Distance (h)
Spherical model (Co = 0.03008; Co + C = 0.12661; Ao = 4.70; r2 = 0.007; RSS = 0.0205)

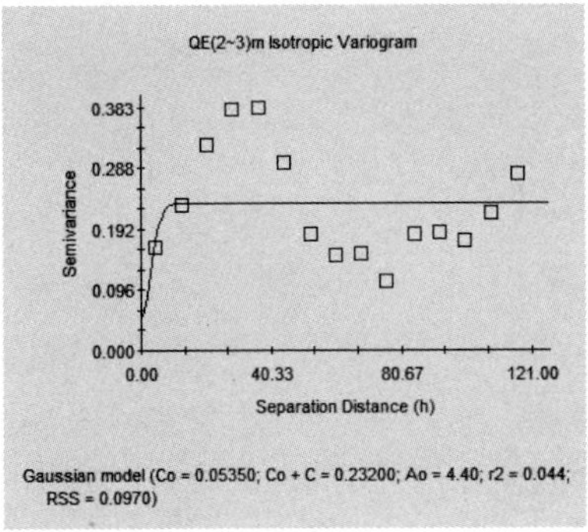
QE(2~3)m Isotropic Variogram
Semivariance
0.383
0.288
0.192
0.096
0.000
0.00
40.33
80.67
121.00
Separation Distance (h)
Gaussian model (Co = 0.05350; Co + C = 0.23200; Ao = 4.40; r2 = 0.044; RSS = 0.0970)

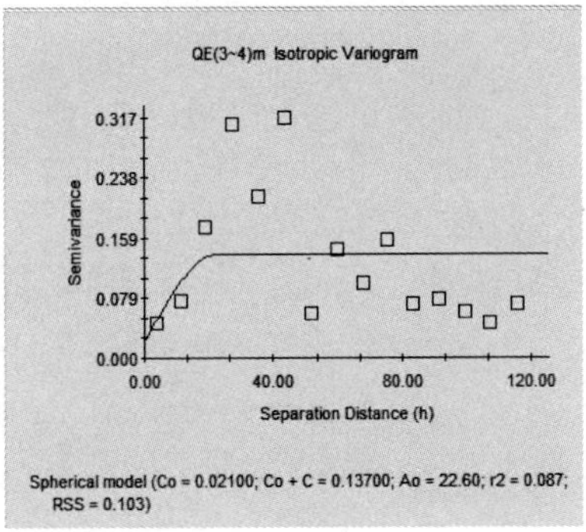
QE(3~4)m Isotropic Variogram
Semivariance
0.317
0.238
0.159
0.079
0.000
0.00
40.00
80.00
120.00
Separation Distance (h)
Spherical model (Co = 0.02100; Co + C = 0.13700; Ao = 22.60; r2 = 0.087; RSS = 0.103)

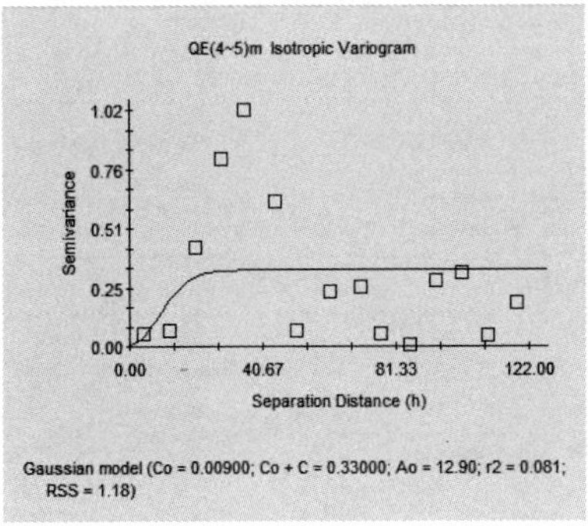
QE(4~5)m Isotropic Variogram
Semivariance
1.02
0.76
0.51
0.25
0.00
0.00
40.67
81.33
122.00
Separation Distance (h)
Gaussian model (Co = 0.00900; Co + C = 0.33000; Ao = 12.90; r2 = 0.081; RSS = 1.18)

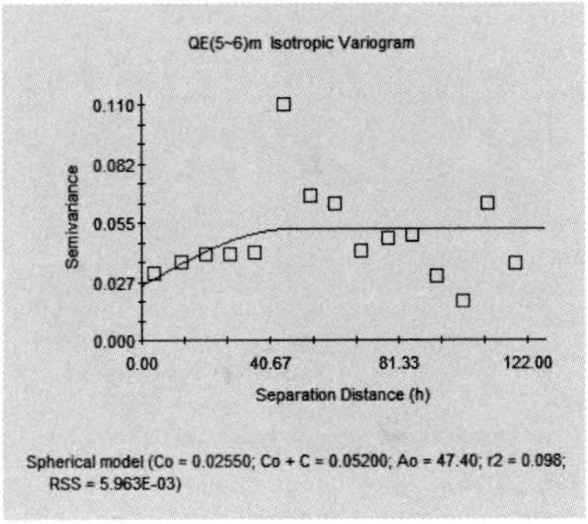
QE(5~6)m Isotropic Variogram
Semivariance
0.110
0.082
0.055
0.027
0.000
0.00
40.67
81.33
122.00
Separation Distance (h)
Spherical model (Co = 0.02550; Co + C = 0.05200; Ao = 47.40; r2 = 0.098; RSS = 5.963E-03)

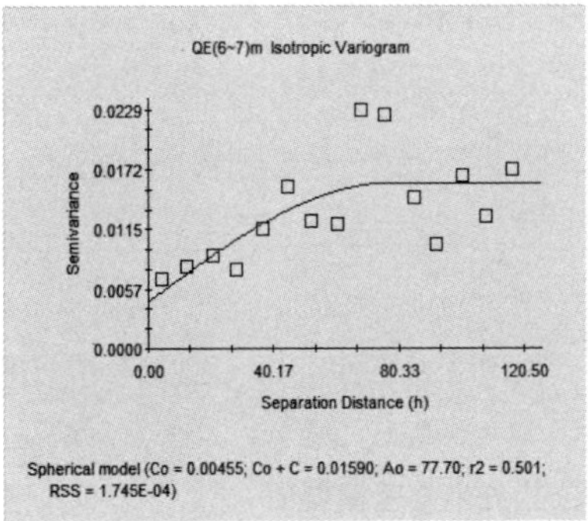
QE(6~7)m Isotropic Variogram
Semivariance
0.0229
0.0172
0.0115
0.0057
0.0000
0.00
40.17
80.33
120.50
Separation Distance (h)
Spherical model (Co = 0.00455; Co + C = 0.01590; Ao = 77.70; r2 = 0.501; RSS = 1.745E-04)

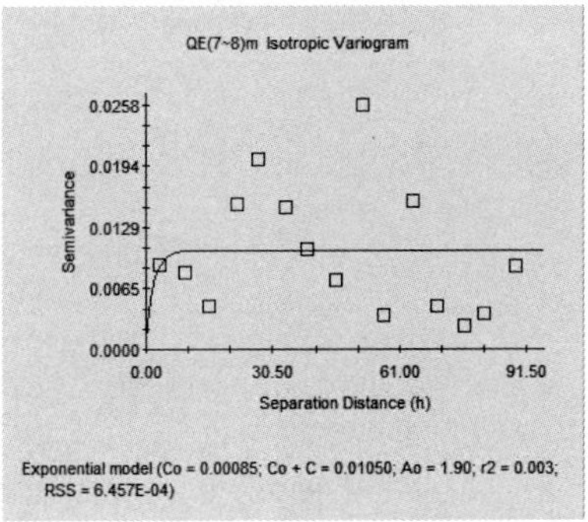
QE(7~8)m Isotropic Variogram
Semivariance
0.0258
0.0194
0.0129
0.0065
0.0000
0.00
30.50
61.00
91.50
Separation Distance (h)
Exponential model (Co = 0.00085; Co + C = 0.01050; Ao = 1.90; r2 = 0.003; RSS = 6.457E-04)

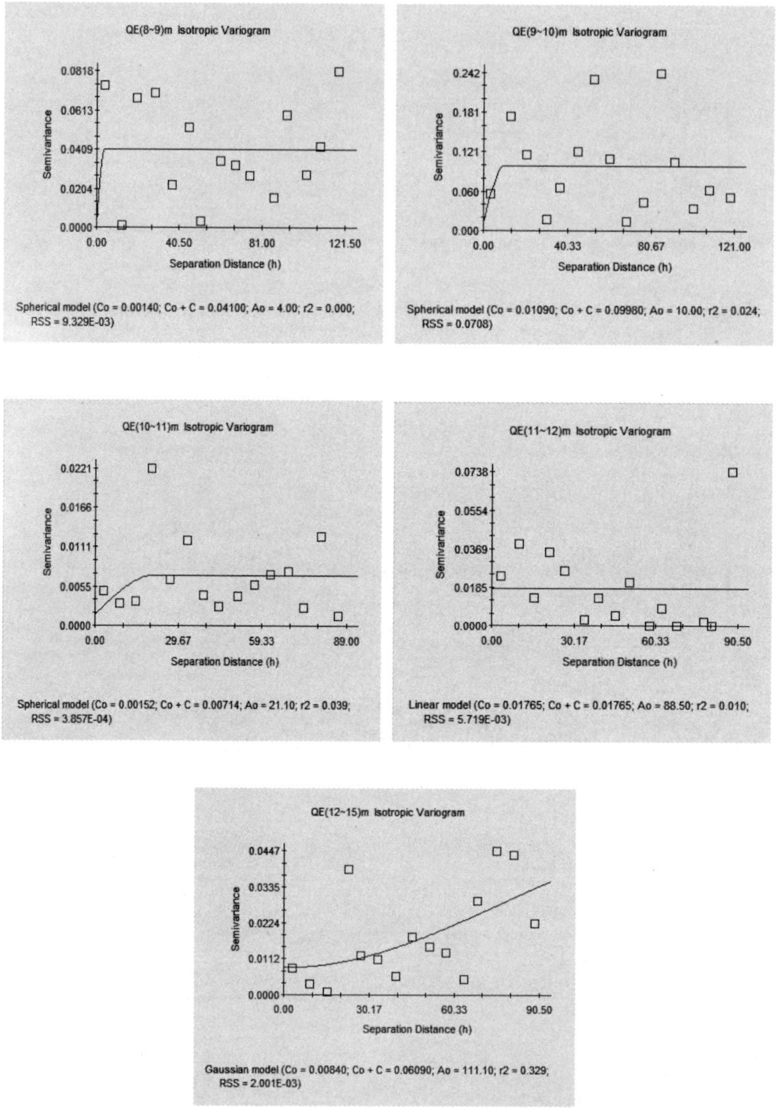

图2–23 QE段不同层位盐分半方差模型图

从表2–13与表2–14可以看出，TQ段的最优拟合模型为主要为指数，QE段的最优拟合模型为主要为球状模型。TQ与QE段的块金值在表层及地下10m左右较大，说明受随机性因素的影响较大。

沿线地表水水系不发育，受降水和地形的制约，本区内陆流域及无流区面积广大，地表径流贫乏，河网稀疏，多为季节性河流。部分地表水为农田灌溉水，主要受人工控制。故浅层数据随机性大，主要受人类活动及气候影响。

沿线大部分地段地下水位较深，水位埋深多大于15m，局部地段地下水位埋深大于30m；但在一些地段，地下水水位在1~10m深度范围内，如库姆、德黑兰、伊斯法罕等冲积平原区，含水层发育，地下水丰富；盐湖地段由于地势较低，地表水补给容易，地下水位较浅，埋深最浅达0.65m，对工程影响较大。而我们的采样数据主要集中在浅层，对深层数据较少。分析结果显示在地下10m左右数据随机性大，即受地下10m左右的地下水影响。从残差和决定系数看，模型拟合都较好。全盐量的空间变异模型半方差图见图2–22与图2–23。

2.5 小结

本章以德伊高铁沿线盐渍土为研究对象，通过野外调研及采样分析，并利用采样数据进行了地统计分析，研究了高铁沿线盐渍土的分布规律及工程特性。本章研究结论如下：

（1）德伊高铁沿线蒸降比大于1，在蒸发作用下地下水中的可溶性盐类会逐渐汇集在地表，故这类地区土盐渍化程度受地下水水位高低与蒸降比的影响较大。

（2）沿线地表水水质受沿线地表含盐母质的影响，形成SO_4^{2-}·

Cl^-–Na^+·Ca^{2+}型地表水，故沿线浅层范围内土体形成了与该离子相应的盐渍土。

（3）德黑兰至库姆段粗细颗粒盐渍土、盐渍岩、石膏富集层交错分布且分布范围较广；库姆至伊斯法罕段盐渍土沿线路上的分布密度明显小于德黑兰至库姆段，且沿线路分布较为集中。

（4）引入地统计理论对德伊高铁沿线盐渍土沿深度方向变化统计分析，得到高铁沿线盐渍土沿深度方向的变异规律：

①Cl^-、K^+、Na^+、Mg^{2+}离子在土层沿深度上有相似的变异性，即在表层0~3m与地下5~10m的地层中变异系数较大，这说明这表层自然环境对Cl^-、K^+、Na^+、Mg^{2+}离子有很大影响；而5~10m的地层中Cl^-、K^+、Na^+、Mg^{2+}离子变异系数较大，这主要是受地下水影响较大。

②从Cl^-、Na^+、SO_4^{2-}这三种离子含量来说，离子排序是表层SO_4^{2-}> Cl^-> Na^+，深层Cl^-> Na^+> SO_4^{2-}；说明土壤盐渍化类型由表层的氯化物–硫酸盐型向底层过渡为硫酸盐–氯化物型。

（5）沿线冲积平原及盐湖湖积平原区，主要分布为盐渍土，多属中等–强盐渍土，具有盐胀性、溶陷性及腐蚀性等工程特性，设计和施工中应采取合理的工程处理措施。

沿线多数地层内含盐，如砂岩、泥岩、砾岩、泥灰岩及石膏岩，属于盐渍岩，上述盐类具有溶蚀性、膨胀性及化学侵蚀性等工程特性，设计和施工中应采取合理的工程处理措施。

在勘察过程中发现，部分砾石层、砂土层表层0~3m发育石膏富集层，质地较纯、结构疏松、多孔，工程特性差，石膏富集层建议清除换填。

3 原位浸水载荷试验

3.1 试验选址及目的

3.1.1 试验选址依据

根据地质勘查资料并考虑不同地层结构的性质差异，结合现场实际选取10处具有代表性地层进行现场浸水载荷试验，其中德库段7个试验点,库伊段3个试验点,如表3–1所示。

表3–1 试验点类型

段落	里程	盐渍土类型
德库段	DK67+350	风化层盐渍土(基岩土风化层)
	DK76+987	卵砾石粗粒盐渍土
	DK79+200	石膏富集层及卵砾石粗粒盐渍土
	DK82+851	砂砾类盐渍土
	DK98+400	砂类盐渍土(湖积)
	DK102+000	黏性土类细粒盐渍土(湖积)
	D1K140+500	黏性土类细粒盐渍土
库伊段	GK4+050	原始地面地基土(砂土类盐渍土)
	GK31+000	既有路基填方
	GK46+000	原始地面地基土(砂土类盐渍土)

3.1.2 试验目的

为了在铁路设计阶段对沿线盐渍土地基做出溶陷性评价,选取代表性点位进行现场浸水载荷试验，测定在模拟不同降雨浸水条件下盐渍土地基的沉降随时间的变化曲线、溶陷系数以及地基变形模量和承载力特征值，进一步归纳总结不同地层之间溶陷特征量的关系。

本试验依据的规范规程如下:

(1)《盐渍土地区建筑技术规范》(GB/T 50942—2014)

(2)《盐渍土地区公路设计与施工指南》

3.2 试验设计

3.2.1 试坑设计及测点布置

根据试验条件并依据《盐渍土地区建筑技术规范》(GB/T 50942—2014)确定荷载板直径为0.8m,试坑直径为2.5m。在试坑内分三个区域布置12个沉降观测点,如图3–1所示。分别为布置于附加荷载作用区表层的1#、2#、3#、4#观测点,布置于附加荷载作用区不同深度处的5#、6#、7#、8#观测点和布置于无附加荷载作用区的9#、10#、11#、12#观测点。

每个区域的观测点均应连线后呈正方形，且平行均匀分布于基准梁的两侧,其中,4个荷载板观测点(1#、2#、3#、4#)布置在荷载板外侧边缘处，以测试在浸水压力作用下地层的总溶陷量;4个分层观测点（5#、6#、7#、8#）布置在距试坑中心0.43m的不同深度土层,离试坑底分别为1m、2m、3m、4m,测试分析该地层的溶陷深度;4个表层观测点(9#、10#、11#、12#)布置在距试坑中心1m的坑底天然土层,测试分析该地层是否具有自重溶陷性。

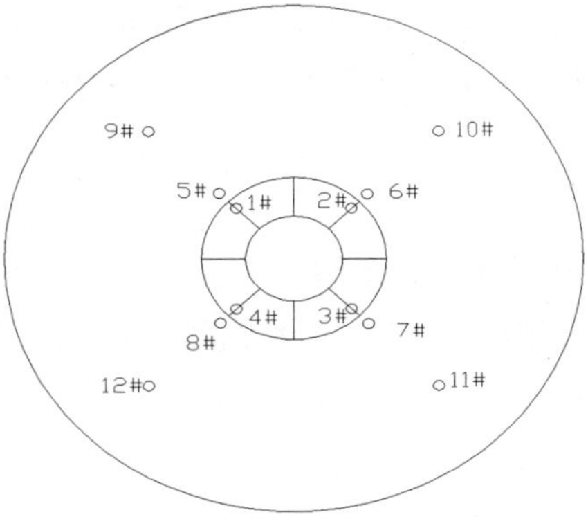

图3-1 观测点布置平面图

3.2.2 工况设定

根据《盐渍土地区建筑技术规范》(GB/T 50942—2014),当地气象条件和设计方地质专业建议，设定各工况。浸水压力设为200kPa(即千斤顶反力10t),加载阶段分为8级进行;浸水阶段分5种工况:①模拟月最大平均降雨量的浸水30mm工况;②模拟年最大单次降雨量的浸水60mm工况；③模拟年均降雨量的浸水100mm工况；④模拟当地极端单次降雨时长的24h保持30cm常水头浸水工况;⑤测定试验点溶陷系数的保持30cm常水头长期浸水工况;承载力特征值阶段分8级荷载进行加载,以更准确的确定地基承载力。

3.2.3 试验终止条件

在测定承载力特征值阶段,根据《盐渍土地区建筑技术规范》(GB/T 50942—2014),当出现下列情况之一时,即可终止加载:

(1)载荷板周围的土体明显的侧向挤出;

(2)沉降急骤增大;

(3)在某一级荷载下,24h内沉降速率不能达到稳定标准;

(4)沉降量与载荷板的直径之比大于或等于0.06。

3.3 试验流程

(1)开挖直径2.5m,深0.4m的圆形试坑。

(2)在以试坑中心点为圆心,半径为0.43m的圆上,钻四个直径11cm的孔,四个孔的连线呈正方形且每侧两孔连线要平行于基准梁。

(3)在孔内用适量厚度砂子(2~3cm)垫平并压实,将沉降板平放在坑内,保持钢筋杆垂直,然后放入3~5cm砂子压在沉降板上并压实,再放入PVC管,套在测杆上。将砂子分层填充在PVC管周围空隙至离钻孔口30cm,每层填0.5m,用钢筋捣实,离钻孔口30cm的范围内用黏性土填筑压实。

(4)在载荷板底铺设3cm厚的砂层,并使之密实,将直径为0.8m的载荷板安置在试坑中心,将反力梁及千斤顶安置好,并将25t荷载均匀堆放在反力架上。

(5)架设基准梁,并固定牢固,将安装在12根测杆(沉降板4根,载荷板4根,试坑底4根)上的百分表探针放置在基准梁上,将表调零。

(6)依次按照各试验步骤条件进行加载和注水,并由记录人员读数并记录,试验由步骤1至18依次进行。每级工况下,前一小时内按间隔时间 10min、10min、10min、15min、15min 读数,一小时以后,每隔半小时测读一次沉降量。连续两小时内,每小时的沉降量小于0.1mm时,则认为沉降已稳定,可进行下一级工况,至最后一级荷载作用下地基沉降稳定。

试验过程中应注意的事项有:

①每级工况应注意保持荷载压力, 尤其是进行注水和浸水时

应随时注意对千斤顶补压使其保持此步骤下压力；

②百分表读数接近行程时，应及时对百分表进行调零，并记录调零前和调零后百分表读数；

③若沉降过大，千斤顶行程不足，应卸载更换更大行程的千斤顶或增加垫片，卸载前后应读取百分表数据，且卸载后应按照新方案进行一个步骤的时间间隔进行读数。

3.4 溶陷系数计算

依《盐渍土地区建筑技术规范》(GB/T 50942—2014)，溶陷系数(δrx)大于或等于0.01时，应判定为溶陷性盐渍土，根据溶陷系数的大小可将盐渍土的溶陷程度分为三类：

当$0.01<\delta rx\leqslant 0.03$时，溶陷性轻微；

当$0.03<\delta rx\leqslant 0.05$时，溶陷性中等；

当$\delta rx>0.05$时，溶陷性强；

盐渍土地基试验土层的平均溶陷系数按式(3-1)计算：

$$\delta rx=\Delta s/h \tag{3-1}$$

式中：δrx—溶陷系数；

Δs—承压板压力为p时，盐渍土层浸水前后沉降量之差(mm)；

h—承压板下盐渍土溶陷深度(mm)。

溶陷深度根据各分层沉降板观测数据确定溶陷量为0的位置确定；若上述方法无法确定，当盐渍土为非自重溶陷性盐渍土时，可采用附加应力的作用深度确定为溶陷深度。

3.5 变形模量及承载力特征值

地基土的变形模量是依据p-s曲线的初始直线段并假设一刚

性板作用在均质的弹性半无限体的表面，由弹性理论计算得到。

平板载荷试验按(3-2)式计算：

$$E_0=lk(1-\mu^2)d \tag{3-2}$$

式中：

E_0—载荷试验的变形模量；

l—当载荷板位于半无限体表面的影响系数；对于圆形板l=0.785(π/4)；

k—p-s曲线直线段斜率；

μ—土的泊松比，取μ=0.27；

d—载荷板的直径；

根据《盐渍土地区建筑技术规范》(GB/T 50942—2014)，盐渍土的浸水载荷试验测定地基承载力特征值应符合下列规定：

①当p-s曲线上有比例极限时，应取该比例极限所对应的荷载值；

②当极限荷载小于对应比例界限荷载值的2倍时，应取极限荷载值的一半；

③当不能按上述两条要求确定时，若承压板面积为0.5m²，可取s/b=0.01-0.015所对应的荷载，但其值不应大于最大加载量的一半。

3.6 溶陷深度的确定方法讨论

目前，各类规范大多以溶陷系数作为盐渍土地基溶陷性的判定指标，但溶陷深度作为影响溶陷系数计算的关键指标，依旧没有准确的确定方法，尤其对于粗颗粒盐渍土地基来说，简单的以浸水影响深度作为溶陷深度来计算溶陷系数将带来很大的误差。采用浸水深度或采用"曲线拟合法"确定的地层零变形位置作为粗颗粒盐渍土地基的溶陷深度，此类方法均没有考虑盐渍土地基的实际溶陷变形的特点，在计算中采用了较大的溶陷深度来计算溶陷系数,从而导致溶陷系数的计算值比真实值偏小,给工程建设带来隐患。为了保证工程建设的安全性,经过计算论证本报告采用等效法确定溶陷深度($S_1=S_2$),并采用地基的等效溶陷深度计算溶陷系数,并与“曲线拟合法”确定的溶陷系数进行对比分析。等效溶陷深度按以公式(3–3)确定:

$$S=\int_S Xdy = X_{\max}\overline{y} \tag{3–3}$$

如图3–2所示,S为沉降曲线与坐标轴组成几何图形的面积,X为溶陷量,y为溶陷深度,为等效溶陷深度。

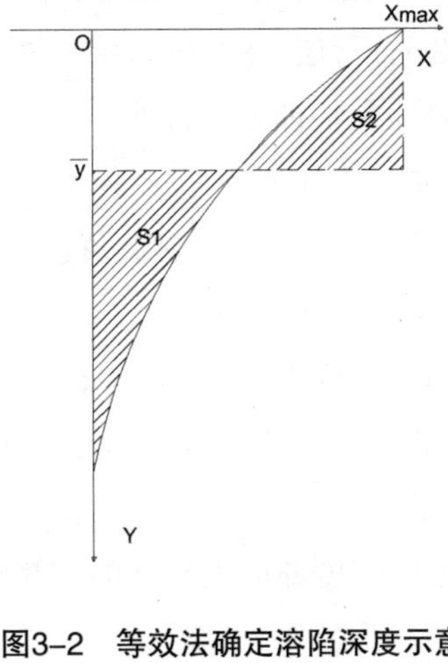

图3–2 等效法确定溶陷深度示意图

由两种不同的方法确定的溶陷深度差异较大，由等效法确定的溶陷深度相对较浅,由此计算所得的地基溶陷系数偏大。对于粗颗粒盐渍土,由拟合法确定的地基溶陷深度较大,但深层土体的溶陷变形较为微弱,由此计算所得溶陷系数偏小,并不能很好地反应实际地基的溶陷特性,应结合规范中关于地基总溶陷量的要求进行综合判断。从工程安全角度出发,设计中建议采用等效法确定的溶陷系数,同时建议溶陷深度也采用等效法确定的溶陷深度。

3.7 试验分析

3.7.1 DK76+987试验点位分析

(1)试验点场地概况

试验点(DK76+987)处地形平坦开阔,附近线路行经在冲、洪积土层上,并行于既有线右侧,水平距离约70m。试验点位于盐质荒漠,地表零星生长有耐盐植物,该点线路设计为路堤。试验点处将原地面清除表层1.8m石膏层,在卵砾石层上进行试验工作。

(2)试验点地层岩性及物理力学特性

①试验点场地地质结构如下:

含黏土级配不良砂:厚度0~2m,灰褐、黄色,稍湿,中密状,砂含量约52%~59%,粒径0.075~4.75mm。

含黏土级配不良砾:厚度2~4m,灰褐、灰色,稍湿,中密状,稍有胶结,砾石占42%~75%,粒径4.75~76.2mm,夹少量的卵石,石质成分以凝灰岩、砂岩、玄武岩等为主,呈圆、次圆状,余为砂及粉质黏土充填,级配较差。不同深度亦能见到盐的结晶体。

②地层物理参数

表3-2 沉降板范围内土层颗粒分析

取土深度(m)	76.2~4.75mm(%)	4.7~0.075mm(%)	<0.075m(%)	液限wl	塑限wp	塑限指数Ip	石膏含量(%)
0.0~0.5	2	59	39	36	23	13	19.24
0.5~1.0	2	53	45	34	25	9	22.75
1.0~1.5	22	58	20	47	26	21	27.55
1.5~2.0	26	52	22	44	26	12	15.04
2.0~2.5	42	40	18	53	26	27	15.59
2.5~3.0	69	24	7	26	16	10	3.88
3.0~3.5	59	32	9	25	16	9	1.69
3.5~4.0	75	16	9	21	13	8	0.22

(3)沉降板设置

为测试试验点地层的溶陷深度,在试坑内埋设4个沉降板,4个分层观测点(5#、6#、7#、8#)布置在距试坑中心0.43m的不同深度土层,离试坑底分别为1m、2m、3m、4m(如图3-3)。

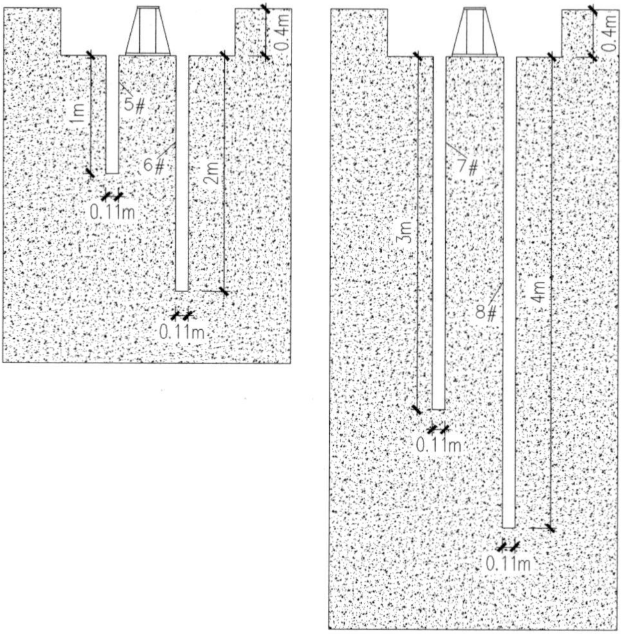

图3-3 沉降板布置图

(4)工况设置

根据《盐渍土地区建筑技术规范》(GB/T 50942—2014),当地气象条件和设计方地质专业建议,设定各工况,并设定浸水压力为200kPa(即千斤顶反力10t)。加载阶段分为8级进行;浸水阶段分5种工况:①模拟月最大平均降雨量的浸水30mm工况;②模拟年最大单次降雨量的浸水60mm工况;③模拟年均降雨量的浸水100mm工况;④模拟当地极端单次降雨时长的24h保持30cm常水头浸水工况;⑤测定试验点溶陷系数的保持30cm常水头长期浸水工况。承载力特征值阶段分8级荷载进行加载,以更准确的确定地基承载力。

表3–3 试验流程划分表

试验步骤	试验阶段	工况编号	浸水高度	荷载等级
1	加载阶段		不浸水	1t(20kPa)
2				2t(40kPa)
3				3t(60kPa)
4				4t(80kPa)
5				5t(100kPa)
6				6t(120kPa)
7				8t(160kPa)
8				10t(200kPa)
9	浸水阶段	1	一次 30mm	10t(200kPa)
10		2	一次 30mm(累计 60mm)	10t(200kPa)
11		3	一次 40mm(累计 100mm)	10t(200kPa)
12		4	24 小时保持 30cm 水头高度	10t(200kPa)
13		5	保持 30cm 水头高度	10t(200kPa)
14	承载力特征值阶段		保持 30cm 水头高度	11t(220kPa)
15				12t(140kPa)
16				13t(260kPa)
17				14t(280kPa)
18				15t(300kPa)
19				16t(320kPa)
20				18t(360kPa)
21				20t(400kPa)

(5)试验结果

①分级加载阶段

加载到10t时,最终沉降如表3-4所示,每级荷载下,荷载板沉降随时间的关系如图3-12所示。从图3-4可以看出,在每级荷载作用下,载荷板处沉降通常在短时间内可以达到稳定,且随着压力的增加,沉降量呈增大趋势,但最终沉降很小,为1.01mm。

表3-4　10t稳定时沉降量

位置	0m(载荷板)	1m	2m	3m	4m
沉降值(mm)	1.01	0.09	0.02	-0.02	-0.05

注:正值表示下沉;负值表示上升,下同。

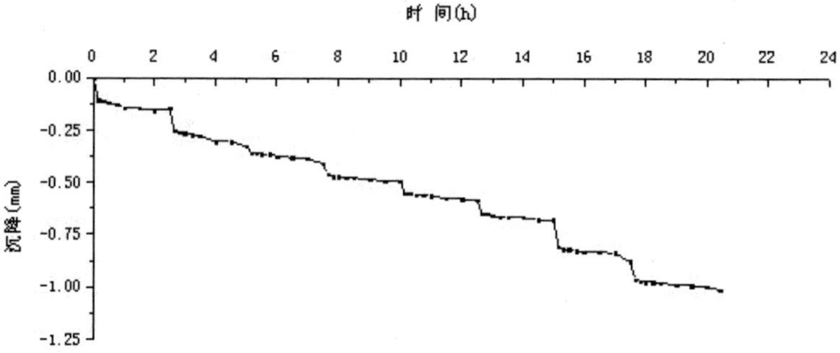

图3-4　载荷板分级加载s-t曲线

②浸水试验阶段

按实际注水量,浸水阶段分为五种工况:a.累计注水30mm;b.累计注水60mm;c.累计注水100mm;d.持续24h浸水30cm;e.长期浸水。

从图3-5可以看出，首次注水30mm时，载荷板处短时间溶陷相对明显，为0.36mm，随后在累计注水100mm的情况下，s-t曲线一直处于连续变化状态，溶陷随时间缓慢发生，累计溶陷量很小，为0.56mm，在24h浸水状态下累计溶陷量仅为1.24mm，说明对于卵砾石粗粒盐渍土，在浸水潜蚀存在的前提下，粗骨架作用明显，起骨架作用的结晶盐流失而产生的溶陷极小。因沉降在24h内达到稳定标准，则24h的溶陷量可视为长期浸水的溶陷量。

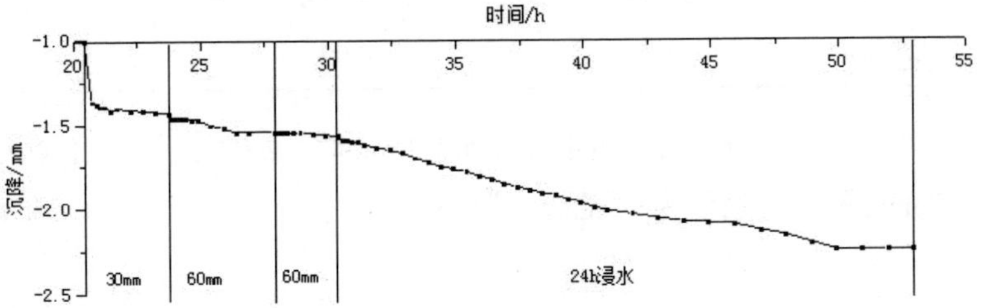

图3-5 载荷板浸水阶段s-t曲线

注水30mm时，载荷板最终累计沉降量达1.43mm，溶陷量为0.42mm，说明30mm浸水条件下试验点土体在附加应力作用下溶陷量很小（见表3-5）。

表3-5 浸水30mm稳定时溶沉量

位置	1m	2m	3m	4m
沉降值（mm）	0.1	0.02	–0.02	–0.03
累计溶陷量（mm）	0.01	0	0	0.02

注：累计溶陷量为截至本次工况的所发生总溶陷量（计算时排除土体的挤升），下同。

第一次注水60mm，即累计注水90mm时，载荷板最终累计沉降量达1.55mm，累计溶陷量为0.54mm，说明继续注水时，试验点土体溶陷继续发生（见表3–6）。

表3–6　浸水90mm稳定时沉降溶陷量

位置	0m（载荷板）	1m	2m	3m	4m
沉降值（mm）	1.55	0.16	0.11	–0.05	0
累计溶陷量（mm）	0.54	0.07	0.09	–0.03	0.05

第二次注水60mm，即累计注水150mm时，载荷板最终沉降量1.57mm，累计溶陷量为0.56mm（见表3–7）。

表3–7　浸水150mm稳定时沉降溶陷量

位置	0m（载荷板）	1m	2m	3m	4m
沉降值（mm）	1.57	0.2	0.14	–0.04	0.04
累计溶陷量（mm）	0.56	0.11	0.12	–0.02	0.09

持续24h浸水30cm时，沉降量继续增大，沉降量2.25mm，累计溶陷量为1.24mm，说明24h浸水时，沉降溶陷量继续增大，但增幅很小（见表3–8）。

表3–8　浸水24h稳定时沉降溶陷量

位置	0m（载荷板）	1m	2m	3m	4m
沉降值（mm）	2.25	0.73	0.76	0.39	0.28
累计溶陷量（mm）	1.24	0.64	0.74	0.41	0.33

土体浸水后的变形由附加应力作用下的挤胀效应与溶陷效应共同作用，当挤胀效应大于溶陷效应时呈上升状态，当挤胀效应小于溶陷效应时呈下沉状态。

对于坑底，从图3-6可看出，在分级加载阶段，坑底沉降量为0.13mm，浸水阶段，土体遇水发生微小缓慢的溶陷，累计溶陷量为0.53mm，说明溶陷效应略大于挤胀效应，且该地层载荷板处累计溶陷量很小，表明无附加荷载作用时，试验点土层不具有溶陷性。

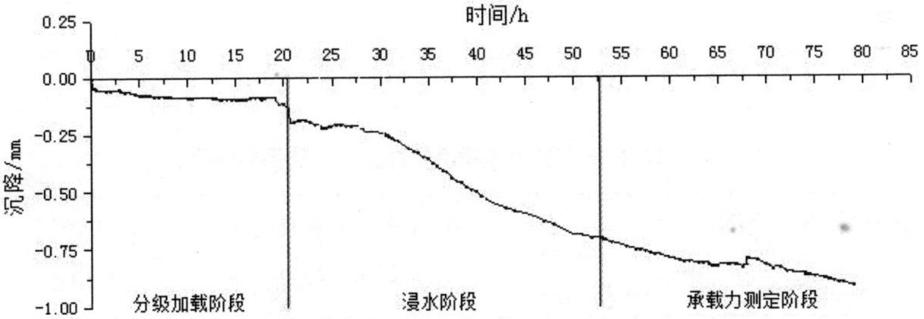

图3-6 坑底s-t曲线

(6)溶陷系数计算

按照浸水阶段的分层观测标的总溶陷量，得溶陷量随深度的趋势线，如图3-7所示，该趋势图由现场实验测得数据通过分析拟合得出，本文中称为拟合法确定溶陷深度。得到溶陷深度为4.7m，累计溶陷量为1.24mm，溶陷系数为2.64×10^{-4}。根据等效法计算得，等效溶陷深度为2.2m，溶陷系数为5.64×10^{-4}，此时的溶陷系数较之前数据计算的溶陷系数提高了2.1倍。依《盐渍土地区建筑技术规范》(GB/T 50942—2014)确定该试验点土层不具有溶陷性。拟合法及等效法确定溶陷深度及系数对比，见表3-9。

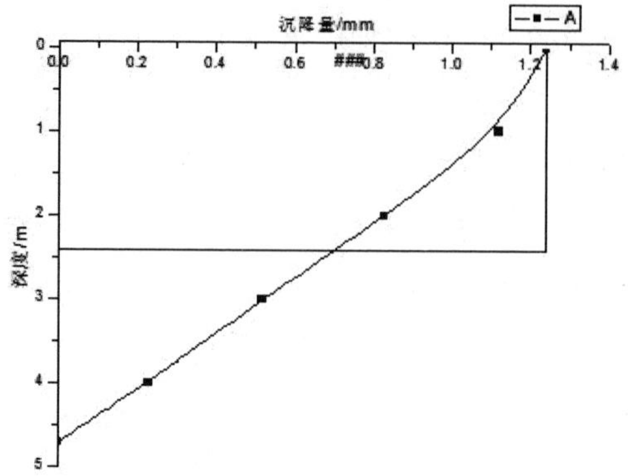

图3-7　溶陷量-深度变化曲线

表3-9　拟合法及等效法确定溶陷深度及系数对比表

拟合法确定溶陷深度(m)	4.7	拟合法计算溶陷系数	2.64×10^{-4}
等效法确定溶陷深度(m)	2.2	等效法计算溶陷系数	5.64×10^{-4}

(7)变形模量及承载力特征值

计算可知天然状态下,试验点土的变形模量为93.3MPa,浸水状态下变形模量依然很大,为65.3MPa。

承载力测定阶段,加载到400kPa时未达到终止加载的条件,说明该试验点地基极限承载力大于400kPa，承载力特征值fak>200kPa(见图3-8)。

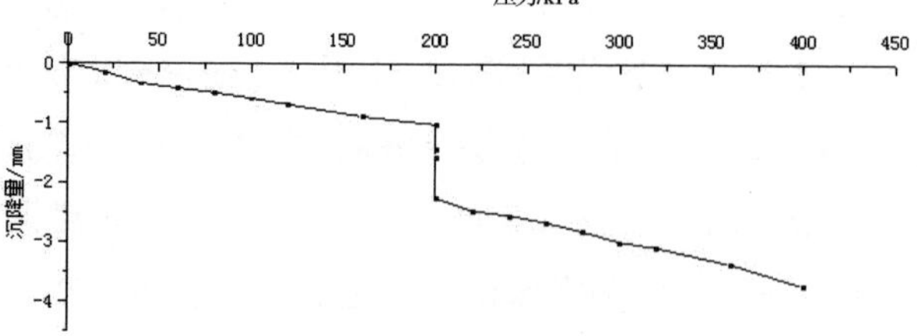

图3-8　载荷板p-s曲线

(8)降雨-溶陷量关系

图3-9为各个工况下(累计注水3cm,累计注水9cm,累计注水15cm,持续24h浸水30cm)累计溶陷量与浸水量的关系曲线图,其中持续24h浸水30cm工况根据用水量换算后注水131cm, 即累计注水141cm。

对卵砾石粗粒盐渍土,模拟降雨30mm时,溶陷量为0.42mm,模拟降雨90mm时,溶陷量为0.54mm,模拟降雨150mm时,溶陷量为0.56mm,模拟当地单次极端降雨时长24h时,溶陷量为1.24mm。从图3-9可知,随着累计注水量的增加,溶陷量呈变大趋势,首次注水时,溶陷量相对变化较大,随后直到注水量为150mm的过程中,溶陷量曲线平缓,说明对卵砾石粗粒盐渍土,在150mm水浸润后的浅层范围内, 粗颗粒起骨架作用极强, 浸水后盐渍土的溶陷作用极弱。在浸水24h状态下,溶陷量相对增加,因为24h浸水工况下,水的浸润深度较大,发生溶陷的土层增厚,导致溶陷量相对增加,但总溶陷量很小,为1.24mm。

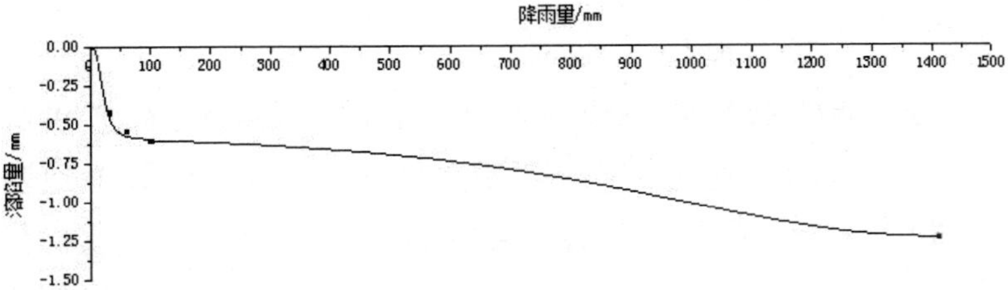

图3-9 降雨-溶陷关系图

(9)小结

①天然状态时在200kPa的荷载下,地表累计沉降量为1.01mm,

变形模量为93.3MPa。

②一次性注水30mm时，沉降量为1.43mm，溶陷量为0.42mm。

第一次注水60mm，即累计注水90mm时，载荷板沉降量达1.55mm，累计溶陷量为0.54mm。第二次注水60mm，即累计注水150mm时，荷载板沉降量1.57mm，累计溶陷量为0.56mm。持续24h浸水30cm时，即长期浸水阶段，荷载板沉降量2.25mm，累计溶陷量为1.24mm。

③按照浸水阶段的分层观测标的总溶陷量，计算得到溶陷深度4.7m。累计溶陷量为1.24mm，溶陷系数为2.64×10^{-4}，根据等效法确定其深度为2.2m计算得出等效溶陷系数为5.64×10^{-4}。依《盐渍土地区建筑技术规范》（GB/T 50942—2014）确定该试验点土层不具有溶陷性，其48%的溶陷量发生在1m以内的范围内。

④坑底在无附加荷载作用时，试验点土层不具有溶陷性。

⑤在浸水状态下该试验段地基极限承载力大于400kPa，承载力特征值$f_{ak}>200$kPa，变形模量为65.3MPa。

3.7.2　DK79+200试验点位分析

（1）试验点场地概况

试验点（DK79+200）处地形平坦开阔，附近线路行经在冲、洪积土层上，并行于既有线右侧，水平距离约70m。位于盐质荒漠，地表零星生长有耐盐植物，该段线路大部分设计为路堤，填方高度一般为2~4m，试验点场地富含石膏，其厚度为3m。

（2）试验点地层岩性及物理力学特性

①试验点场地地质结构如下：

含黏土级配不良砂：厚度0~1m，灰褐、灰白色，稍湿，中密-密实状，砂占56%~59%，粒径0.075~4.75mm，级配较差，不同深度可见到盐结晶体，晶体成分主要为硫酸盐（主要成分为$CaSO_4·2H_2O$），晶体含量约25%，此地层厚度为1m。

含黏土级配不良砾：厚度1~8m，灰褐、灰色，稍湿，中密状，稍有胶结，砾石占38%~50%，粒径4.75~76.2mm，夹少量的卵石，石质成分以凝灰岩、砂岩、玄武岩为主，呈圆、次圆状，余为砂及粉质黏土充填，级配较差。不同深度亦能见到盐及石膏的结晶体，晶体平均含量为17%，最大含量为37%。

②物理参数

表3–10 沉降板范围内土层颗粒分析

取土深度(m)	76.2~4.75mm (%)	4.75~0.075mm (%)	<0.075mm (%)	液限 wl	塑限 wp	塑限指数 Ip	石膏含量(%)
0.0~0.5	0	59	41	23	14	9	1.62
0.5~1.0	10	56	34	30	21	9	25.15
1.0~1.5	45	38	17	30	20	10	24.92
1.5~2.0	46	35	19	36	26	10	37.42
2.0~2.5	44	24	32	35	23	12	35.67
2.5~3.0	38	34	28	32	23	9	15.50
3.0~3.5	45	37	18	27	19	8	22.32
3.5~4.0	45	40	15	29	19	10	11.46
4.0~5.0	50	34	16	27	15	12	6.31
5.0~6.0	20	42	38	24	13	11	5.44
6.0~7.0	41	43	16	22	14	8	1.51
7.0~8.0	48	40	12	20	12	8	12.73

（3）沉降板设置

为测试试验点地层的溶陷深度，在试坑内埋设4个沉降板，4个分层观测点（5#、6#、7#、8#）布置在距试坑中心0.43m的不同深度土层，离试坑底分别为1.6m、3.2m、4.6m、7.6m（如图3-10）。

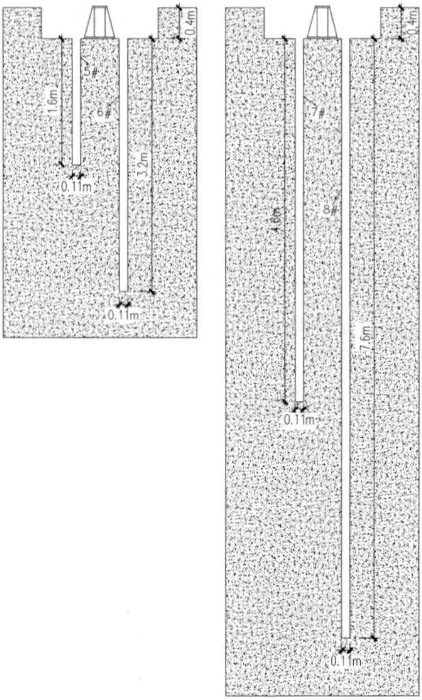

图3-10　沉降板布置图

（4）工况设置

根据《盐渍土地区建筑技术规范》（GB/T 50942—2014），当地气象条件和设计方地质专业建议，设定各工况，并设定浸水压力为200kPa（即千斤顶反力10t）。加载阶段分为8级进行。浸水阶段分3种工况：①模拟年最大单次降雨量的浸水60mm工况；②模拟当地极端单次降雨时长的24h保持30cm常水头浸水工况；③测定试验点湿陷系数的保持30cm常水头长期浸水工况。将承载力特征值阶段分8级荷载进行加载，以更准确地确定地基承载力。

表3–11　试验流程划分表

试验步骤	试验阶段	工况编号	浸水高度	荷载等级
1	加载阶段		不浸水	1t(20kPa)
2				2t(40kPa)
3				3t(60kPa)
4				4t(80kPa)
5				5t(100kPa)
6				6t(120kPa)
7				8t(160kPa)
8				10t(200kPa)
9	浸水阶段	1	一次浸水 60mm	10t(200kPa)
10		2	24 小时保持 30cm 水头高度	10t(200kPa)
11		3	保持 30cm 水头高度	10t(200kPa)
12	承载力特征值阶段		保持 30cm 水头高度	11t(220kPa)
13				12t(140kPa)
14				13t(260kPa)
15				14t(280kPa)
16				15t(300kPa)
17				16t(320kPa)
18				18t(360kPa)
19				20t(400kPa)

(5)试验结果

①分级加载阶段

加载到10t时，最终沉降如表3-12所示，每级荷载下，荷载板沉降随时间的关系如图3-11，可以看出，在每级荷载作用下，沉降通常迅速完成且在短时间内达到稳定，随着压力的增大，沉降量呈增大趋势，但最终沉降较小，为3.3mm。

表3-12　10t(200kPa)稳定时沉降量

位置	0m(载荷板)	1.6m	3.2m	4.6m	7.6m
沉降值(mm)	3.3	-0.95	-0.71	0.05	-0.03

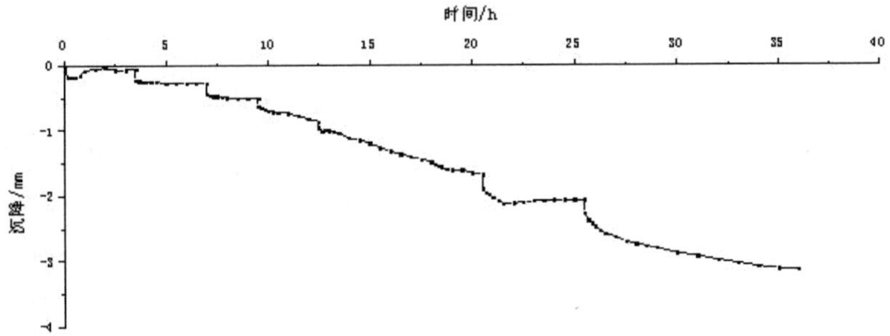

图3-11　载荷板分级加载s-t曲线

②浸水试验阶段

浸水阶段分为三种工况：a.注水60mm；b.浸水30cm持续24h；c.长期浸水。

由图3-12 可知，浸水60mm工况时，由于水渗透深度较浅，遇水后浅层石膏富集层软化，溶陷主要发生在浸水的初始段，随后土层压实，溶陷变化缓慢，沉降量趋于收敛。浸水24h工况时，水的渗透深度较深，遇水后较深处石膏富集层开始软化，以致初始阶段溶陷明显，随着时间的延长地层被压实，溶陷缓慢发生，沉降量趋于收敛，在长期浸水工况下，因为24h浸水工况时，水的入渗深度可能已达到溶陷深度，因此沉降量没有发生突变，且沿24h趋势线缓慢沉降，最终达到稳定标准。

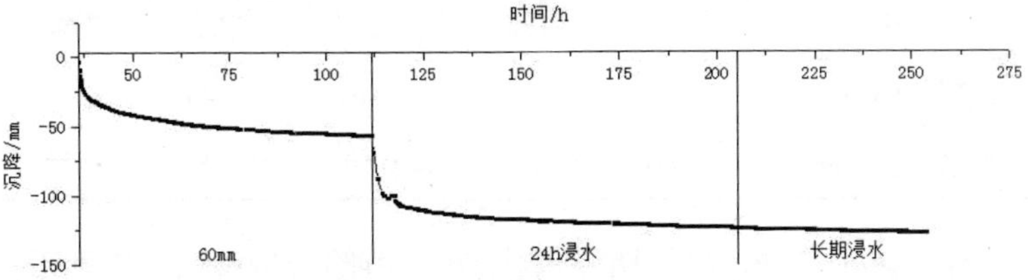

图3-12　载荷板浸水阶段s-t曲线

由表3-13可知，一次性浸水60mm时，载荷板最终累计沉降量达56.7mm，溶陷量为53.4mm，相比天然状态，浸水后沉降剧烈增大，说明浸水条件下盐渍土在附加应力作用下，大孔隙石膏层饱水塌溃压缩，发生溶陷。但各沉降板处测得溶陷较小，说明一次浸水60mm时溶陷主要发生在1.6m以内的浅层石膏富集层。

表3-13　浸水60mm稳定时溶沉量

位置	0m（载荷板）	1.6m	3.2m	4.6m	7.6m
沉降值（mm）	56.7	−0.27	−0.09	0.46	0.4
累计溶陷量（mm）	53.4	0.68	0.62	0.41	0.43

注：累计溶陷量为截至本次工况的所发生总溶陷量（计算时排除土体的挤升），下同。

由表3-14可知，在浸水24h下，沉降量继续增大，累计沉降量达122.9mm，累计溶陷量为119.2mm，说明24h浸水时，水渗透更深，在地表层，盐渍土溶陷加剧。沉降板所在位置，相对溶陷量较小，说明相对石膏表层1.6m以下的土层溶陷较小。

表3-14　浸水24h稳定时溶沉量

位置	0m(载荷板)	1.6m	3.2m	4.6m	7.6m
沉降值(mm)	122.90	-0.10	-0.61	-0.43	0.51
累计溶陷量(mm)	119.60	0.85	0.10	-0.48	0.54

由表3-15可知，在长期浸水状态时，溶陷继续增大，累计溶陷量为123.87mm，说明在24h浸水下，沉降已经基本完成。

表3-15　长期浸水稳定时溶沉量

位置	0m(载荷板)	1.6m	3.2m	4.6m	7.6m
沉降值(mm)	127.17	-0.16	0.23	0.23	-0.74
累计溶陷量(mm)	123.87	0.79	0.94	0.18	-0.71

土体浸水后的变形由附加应力作用下的挤胀效应与溶陷效应共同作用，当挤胀效应大于溶陷效应时呈上升状态，当挤胀效应小于溶陷效应时呈下沉状态。

对于坑底，从加载到最后一个浸水工况结束，从图3-13可看出，第一次浸水后，坑底土挤胀效应略大于溶陷效应，呈挤升状态，随后由于溶陷作用，溶陷效应略大于挤胀效应，坑底呈现缓慢下沉现象，无附加荷载作用时，累计溶陷量为0.98mm，其与载荷板处溶陷量123.87mm相比可忽略，表明无附加荷载作用时，试验点土层不具有溶陷性。

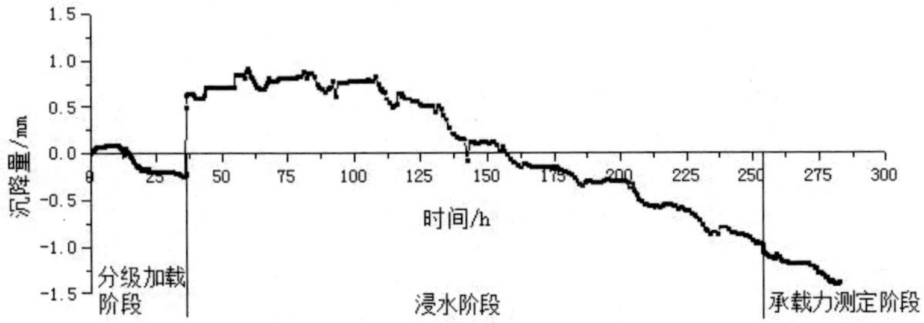

图3-13 坑底s-t曲线

(6)溶陷系数计算

根据工程地质勘查资料，试验点地层分两层，表层为含黏土级配不良砾，为石膏富集层，下层为圆砾土。依据试验数据，位于表层沉降板(1.6m、3.2m处)的沉降在浸水期间相对呈下沉状态。位于下层圆砾土的沉降板(4.6m、7.6m处)的溶陷量很小，其溶陷量相对载荷板处溶陷量很小，可忽略不计。因此结合石膏层厚度及附加应力的作用范围，确定其厚度3m作为溶陷深度计算溶陷系数。

按照长期浸水稳定时的溶沉量，得溶陷量随深度的趋势线，如图3-14和表3-15所示，石膏富集层累计溶陷量为123.87mm，拟合法确定溶陷土层厚度大致为3m，计算出溶陷系数为0.041，等效溶陷深度为1.0m，计算出等效溶陷系数为0.123。依《盐渍土地区建筑技术规范》(GB/T 50942—2014) 具有强溶陷性。由于存在石膏富集层，其99%的溶陷量发生在1.6m的深度范围内。

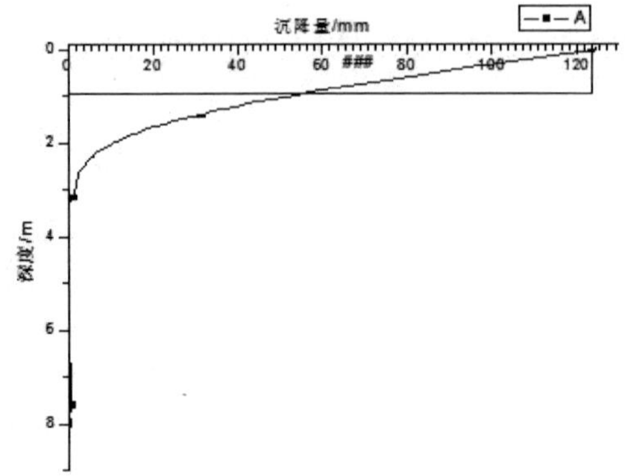

图3-14　溶陷量-深度变化曲线

表3-16　两种方法确定溶陷深度及系数对比表

拟合法确定溶陷深度(m)	3	拟合法计算溶陷系数	0.041
等效法确定溶陷深度(m)	1.0	等效法计算溶陷系数	0.123

(7)变形模量及承载力特征值

依据图3-15，计算得到天然状态下试验点土的变形模量为27.85MPa,浸水状态下石膏富集层变形模量为4.81MPa。

在浸水状况下，加载到240kPa时,24h内沉降速率没有达到稳定标准,表明石膏富集层浸水条件下极限承载力为240kPa,承载力特征值fak取极限承载力一半,承载力特征值fak=120kPa。

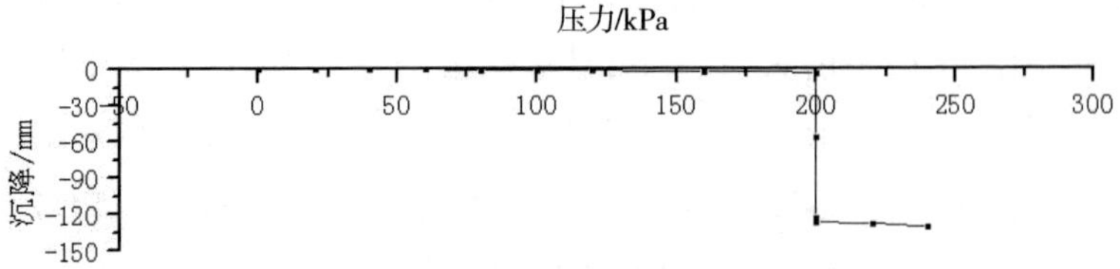

图3-15　承载板p-s曲线

(8)降雨量-溶陷量关系

图3-16为各个工况下(累计注水6cm,持续24h浸水30cm)累计溶陷量与浸水量的关系曲线图,其中持续24h浸水30cm工况根据用水量换算后注水109cm,即累计注水115cm。

对于石膏富集层,模拟降雨量为60mm时,溶陷量为53.4mm,模拟当地极端单次降雨时长24h时,溶陷量为119.6mm,从图3-16可知,溶陷量随着降雨量的增大而变大,首次注水60mm时,降雨量-溶陷量曲线图的斜率大于注水24h的斜率,说明对石膏富集层,随着浸水量的增加,石膏富集层被压实,溶陷量呈收敛迹象。

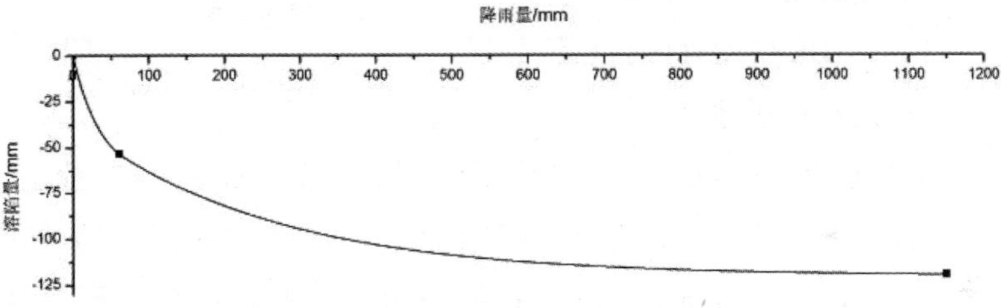

图3-16 降雨量-溶陷量关系图

(9)小结

①天然状态在200kPa的荷载作用时累计沉降量为3.3mm,变形模量为27.85MPa。

②一次性浸水60mm时,沉降量为56.7mm,溶陷量为53.4mm。

浸水24h达到稳定后,载荷板沉降量为122.9mm,累计溶陷量为119.6mm。

长期浸水时,载荷板沉降量为127.17mm累计溶陷量为123.87mm。

③拟合法溶陷深度为3m，累计溶陷量为123.87mm，溶陷系数为0.041，根据等效法确定其深度为1.0m计算得出等效溶陷系数为0.123。依《盐渍土地区建筑技术规范》(GB/T 50942—2014)两种方法确定试验点土层的溶陷特性分别为轻微溶陷、强溶陷，其99%的溶陷量发生在1.6m的深度范围内。

④浸水溶陷主要发生在石膏富集层，尤其在1.6m以内。

⑤坑底在无附加荷载作用时，试验点土层不具有溶陷性，该处地层为非自重溶陷性盐渍土。

⑥浸水状态下其极限承载力为240kPa，承载力特征值fak=120kPa，变形模量为4.81MPa。

3.7.3　DK82+851试验点位分析

(1)试验点场地概况

试验点(DK82+851)位处为干涸的盐湖前缘，如图3-17。地形平坦、开阔。表层土为盐渍土，属现代盐渍土，现代积盐过程仍在进行，盐渍化明显。盐渍土厚度一般在4.5m以内，下部为含盐地层，厚度大于40m。做试验时表层清除约0.5m。

(2)地层物理参数(见表3-17)

表3-17　沉降板范围内土层颗粒分析

取土深度(m)	76.2~4.75mm (%)	4.75~0.075mm (%)	<0.075mm (%)	液限 wl	塑限 wp	塑限指数 Ip	易溶盐含量 (%)
0.0~0.5	21	50	29	25	15	10	1.26
0.5~1.0	30	53	17	25	15	10	0.79
1.0~1.5		0.52					

续表

取土深度(m)	76.2~4.75mm（%）	4.75~0.075mm（%）	<0.075mm（%）	液限 wl	塑限 wp	塑限指数 Ip	易溶盐含量（%）
1.5~2.0		1.00					
2.0~2.5		1.00					
2.5~3.0		1.09					
3.0~3.5		1.68					
3.5~4.0		0.74					

（3）沉降板设置

为测试试验点地层的溶陷深度，在试坑内埋设4个沉降板，4个分层观测点（5#、6#、7#、8#）布置在距试坑中心0.43m的不同深度土层，离试坑底分别为0.7m、1.4m、2.8m、3.8m（如图3-17）。

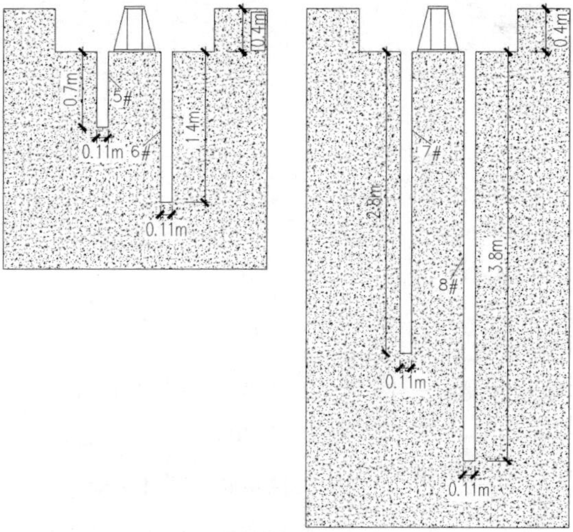

图3-17　沉降板布置图

(4)工况设置

根据《盐渍土地区建筑技术规范》(GB/T 50942—2014),当地气象条件和设计方地质专业建议,设定各工况,并设定浸水压力为200kPa(即千斤顶反力10t)。由表3-18可知,加载阶段分为8级进行;浸水阶段分5种工况:①模拟月最大平均降雨量的浸水30mm工况;②模拟年最大单次降雨量的浸水60mm工况;③模拟年均降雨量的浸水100mm工况;④模拟当地极端单次降雨时长的24h保持30cm常水头浸水工况;⑤测定试验点溶陷系数的保持30cm常水头长期浸水工况。承载力特征值阶段分8级荷载进行加载,以更准确的确定地基承载力。

表3-18 试验工况划分表

试验步骤	试验阶段	工况编号	浸水高度	荷载等级
1	加载阶段		不浸水	1t(20kPa)
2				2t(40kPa)
3				3t(60kPa)
4				4t(80kPa)
5				5t(100kPa)
6				6t(120kPa)
7				8t(160kPa)
8				10t(200kPa)
9	浸水阶段	1	一次 30mm(累计 30mm)	10t(200kPa)
10		2	一次 30mm(累计 60mm)	10t(200kPa)
11		3	一次 40mm(累计 100mm)	10t(200kPa)
12		4	24 小时保持 30cm 水头高度	10t(200kPa)
13		5	保持 30cm 水头高度	10t(200kPa)

续表

试验步骤	试验阶段	工况编号	浸水高度	荷载等级
14	承载力特征值阶段		保持30cm水头高度	11t(220kPa)
15				12t(140kPa)
16				13t(260kPa)
17				14t(280kPa)
18				15t(300kPa)
19				16t(320kPa)
20				18t(360kPa)
21				20t(400kPa)

(5)试验结果

①分级加载阶段

加载到10t时，最终沉降如表3-18所示，逐级加载时，荷载板s-t曲线如图3-18所示。从图3-30看出，在每级荷载作用下，沉降通常在短时间内可以达到稳定，且随着压力的增大，沉降量呈增大趋势，最终沉降量为3.84mm。

表3-19　10t(200kPa)稳定时沉降量

位置	0m(载荷板)	0.7m	1.4m	2.8m	3.8m
沉降值(mm)	3.84	0.02	0.08	0.06	0.02

注:正值表示下沉;负值表示上升,下同。

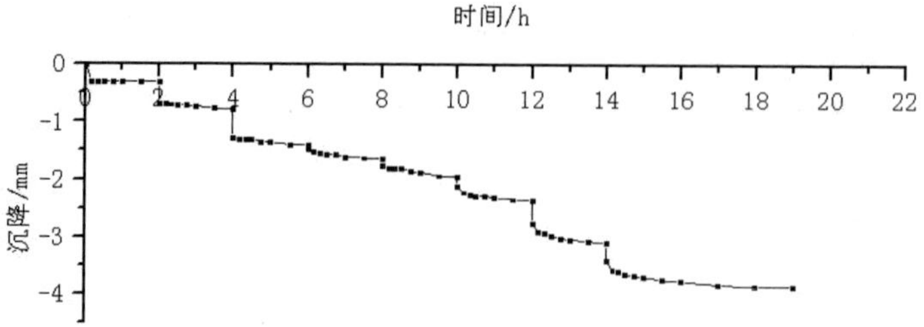

图3-18　载荷板分级加载s-t曲线

②浸水试验阶段

浸水阶段分为分五种工况：a. 累计注水30mm；b. 累计注水60mm；c. 累计注水100mm；d. 持续24h浸水30cm；e. 长期浸水。

从图3-19可以看出，首次注水30mm时，载荷板处短时间溶陷明显，为6.54mm，因为地表地层盐分富集，遇水后结晶盐溶解，其所起骨架作用失效，造成沉降短时间内突降，地层压密。

随后至累计注水100mm的情况下，s-t曲线一直处于连续变化状态，但溶陷随时间缓慢发生，累计溶陷量为8.57mm，在24h浸水状态下累计溶陷量为9.12mm。因为试验点处地层为沙砾类粗颗粒盐渍土，首次注水溶陷压实后，粗颗粒骨架起主要作用，所以随后三次注水没有造成沉降突变，呈缓慢连续变化。因沉降在24h内达到稳定标准，则24h的溶陷量可视为长期浸水的溶陷量（见图3-20）。

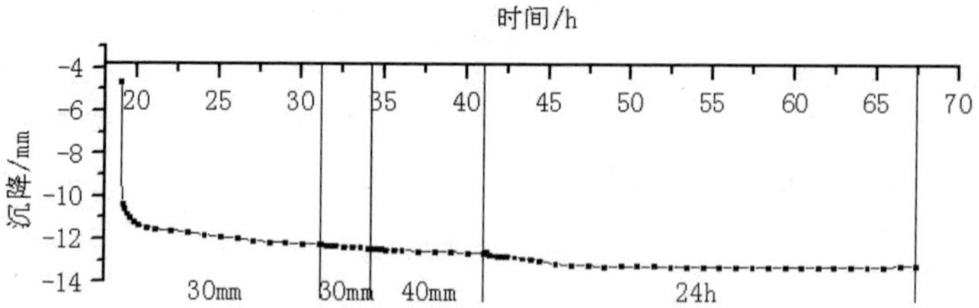

图3-19　载荷板浸水阶段s-t曲线

从图3-21可见，在浸水阶段，1.4m处沉降板遇水后挤升明显，2.8m处沉降板溶陷随时间呈缓慢增大，3.8m处沉降板每次遇水轻微挤升后都会发生溶陷，说明溶陷深度大于3.8m。

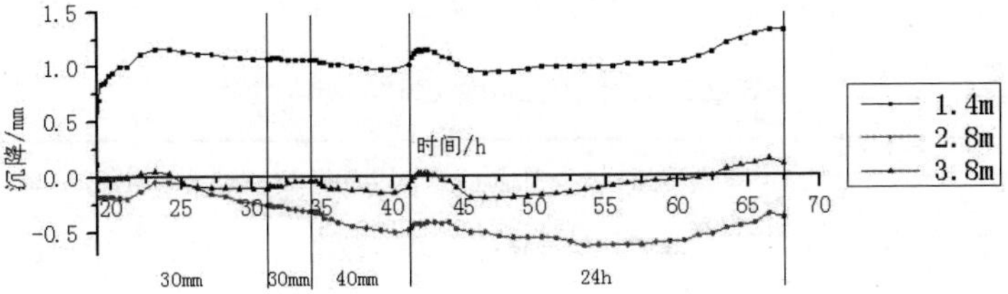

图3-20 沉降板浸水阶段s-t曲线

由表3-20可知，第一次注水30mm时，载荷板最终累计沉降量达12.20mm，溶陷量为8.36mm，说明首次浸水后溶陷量较大。

表3-20 浸水30mm稳定时溶沉量

位置	0m（载荷板）	0.7m	1.4m	2.8m	3.8m
沉降值（mm）	12.20	–0.43	–1.7	0.16	0.11
累计溶陷量（mm）	8.36	0.16	0.09	0.1	0.09

由表3-21可知，第二次注水30mm，即累计注水60mm时，载荷板最终累计沉降量达12.39mm，累计溶陷量为8.55mm，说明再次浸水条件下该试验点土体在附加应力作用下溶陷量继续发生，但增量很小。

表3-21 浸水60mm稳定时沉降溶陷量

位置	0m（载荷板）	0.7m	1.4m	2.8m	3.8m
沉降值（mm）	12.39	–0.49	–1.06	0.22	0.05
累计溶陷量（mm）	8.55	–0.51	0.1	0.16	0.03

由表3–22可知，注水40mm，即累计注水100mm时，载荷板最终沉降量12.64mm，累计溶陷量为8.8mm，说明再次浸水时该试验点土体仍会继续发生溶陷。

表3–22　浸水100mm稳定时沉降溶陷量

位置	0m（载荷板）	0.7m	1.4m	2.8m	3.8m
沉降值（mm）	12.64	–0.52	–1.01	0.39	0.1
累计溶陷量（mm）	8.80	–0.54	–1.09	0.33	0.08

由表3–23可知，持续24h浸水30cm时，沉降量继续缓慢增大，沉降量为13.19mm，累计溶陷量为9.35mm，说明24h浸水时，沉降量与溶陷量在继续增大，但增幅很小。

表3–23　浸水24h稳定时沉降溶陷量

位置	0m（载荷板）	0.7m	1.4m	2.8m	3.8m
沉降值（mm）	13.19	–0.76	–1.32	0.28	0.2
累计溶陷量（mm）	9.35	–0.78	–1.40	0.22	0.18

土体浸水后的变形由附加应力作用下的挤胀效应与溶陷效应共同作用，当挤胀效应大于溶陷效应时呈上升状态，当挤胀效应小于溶陷效应时呈下沉状态。

对于坑底，从图3–21可看出，在分级加载阶段，坑底沉降为0.11mm，浸水阶段，土体遇水后发生下沉，为0.25mm，随后发生微小缓慢的溶陷，坑底的累计溶陷量为0.85mm，说明溶陷效应略大于挤胀效应，但其与载荷板处的溶陷量9.35mm相比可忽略，表明无附加荷载作用时，试验点土层不具有溶陷性。

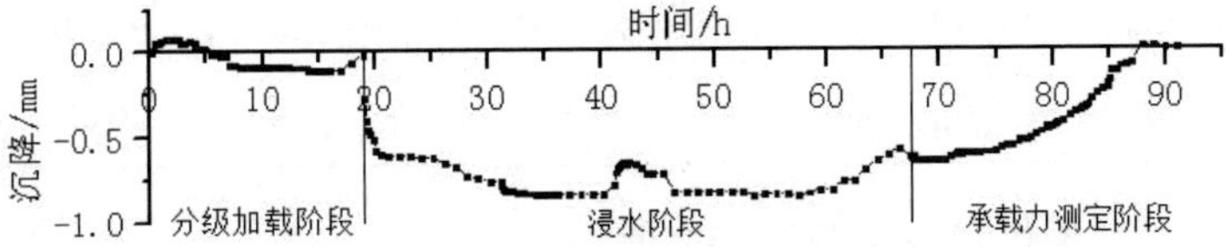

图3-21 坑底s-t曲线

(6)溶陷系数计算

依据附加应力的作用范围，及该试验场地在无附加应力作用时没有溶陷性，拟合法溶陷深度取4.5m。累计溶陷量为9.35mm，溶陷系数2.1×10^{-3}，可确定该试验点土层不具有溶陷性（见表3-24）。根据24h浸水稳定的溶陷量可绘制溶陷量-深度曲线如图3-22所示，等效法确定溶陷深度为1.6m可计算出其等效溶陷系数为0.006，较拟合溶陷系数提高了2.8倍。依《盐渍土地区建筑技术规范》（GB/T 50942—2014）确定该试验点土层不具有溶陷性。

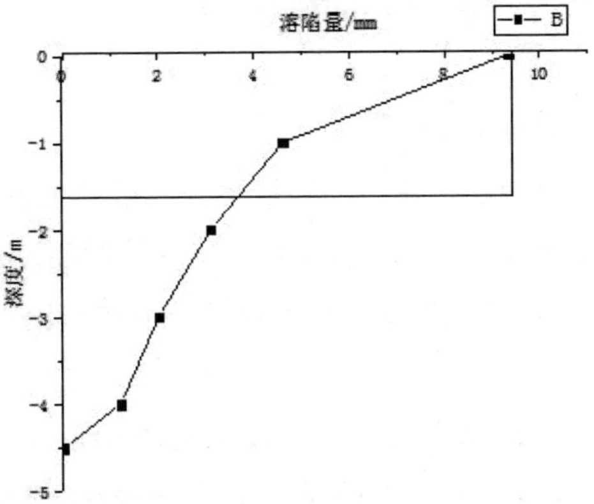

图3-22 溶陷量-深度变化曲线

表3-24 两种方法确定溶陷深度及溶陷系数

拟合法确定溶陷深度(m)	4.5	拟合法计算溶陷系数	2.1×10^{-3}
等效法确定溶陷深度(m)	1.6	等效法计算溶陷系数	0.006

(7)变形模量及承载力特征值

计算得到天然状态下,试验点土层的变形模量为24.05MPa,浸水状态下,变形模量为14.28MPa。

承载力测定阶段,加载到400kPa时未达到终止加载的条件,说明该试验段在浸水状态下地基极限承载力大于400kPa,承载力特征值fak取极限承载力一半,则承载力特征值fak>200kPa(见图3-23)。

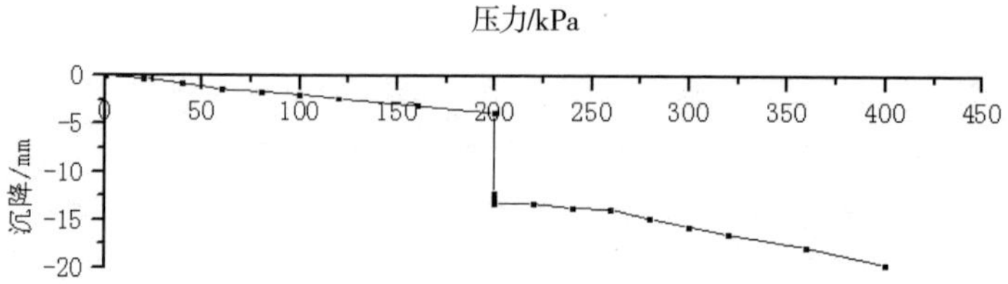

图3-23 载荷板p-s曲线

(8)降雨-溶陷量关系

图3-35为各个工况下累计溶陷量与浸水量的关系曲线图(累计注水3cm,累计注水6cm,累计注水10cm,持续24h浸水30cm),其中持续24h浸水30cm工况根据用水量换算后注水251cm,即累计注水261cm。

试验点地层为砂砾类盐渍土,模拟降雨30mm时,溶陷量为8.36mm,模拟降雨60mm时,溶陷量为8.55mm,模拟降雨100mm时,溶陷量为8.8mm,模拟当地单次极端降雨时长24h时,溶陷量为

9.35mm。从图3-24可知,随着累计注水量的增加,溶陷量呈变大趋势,首次注水时,溶陷量变化较大,为8.36mm,因为地表地层盐分富集,遇水后结晶盐溶解,其所起骨架作用失效,造成沉降短时间内突降,地层压密。随后直到注水量为150mm的过程中,溶陷量曲线平缓,说明对沙砾类粗粒盐渍土,在150mm水浸润后的浅层范围内,粗颗粒起骨架作用很强,浸水后盐渍土的溶陷作用很弱。在浸水24h状态下,溶陷量缓慢增加,因为24h浸水工况下,虽然水的浸润深度较大,但地层密实度高,粗颗粒起的骨架作用强烈,溶陷量增加缓慢,呈收敛趋势。

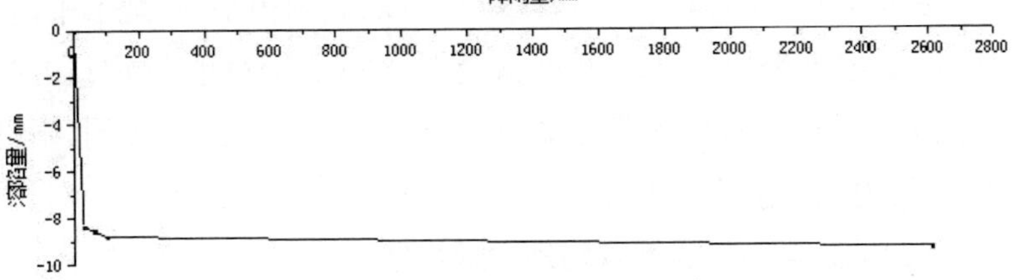

图3-24 降雨-溶陷关系图

(9)小结

①天然状态下,在200kPa的荷载下,地表累计沉降量为3.84mm,变形模量为24.05MPa。

②第一次注水30mm时,沉降量为12.20mm,溶陷量为8.36mm。

第二次注水30mm,即累计注水60mm时,载荷板沉降量达12.39mm,累计溶陷量为8.55mm。注水40mm,即累计注水100mm时,荷载板沉降量12.64mm,累计溶陷量为8.80mm。

持续24h浸水30cm时,即长期浸水阶段,荷载板沉降量13.19mm,累计溶陷量为9.35mm。

③拟合法确定溶陷深度为4.5m，累计溶陷量为9.35mm，溶陷系数为2.1×10^{-3}，根据等效法确定其深度为1.6m计算得出等效溶陷系数为0.006。依《盐渍土地区建筑技术规范》（GB/T 50942—2014）确定该试验点土层不具有溶陷性。

④坑底在无附加荷载作用时，试验点土层不具有溶陷性。

⑤在浸水状态下变形模量为14.28MPa，该试验段地基极限承载力大于400kPa，承载力特征值fak>200kPa。

3.7.4 DK98+400试验点位分析

（1）试验点场地概况

试验点（DK98+400）位于干涸的盐湖，属湖积平原，地形平坦、开阔。表层土为盐渍土，属现代盐渍土，现代积盐过程仍在进行，盐渍化明显，具盐壳、松胀等现象，盐渍土厚度一般在4.5m以内，下部为含盐地层，厚度大于70m。

（2）试验点地层岩性及物理力学特性

①试验点场地地质结构如下：

黏土：厚度0~1.5m，灰褐色、灰黄色、浅黄色，硬塑，局部呈坚硬状，含8%~35%砂，局部夹薄层粉土、粉细砂夹层，不均匀，韧性中等，干强度高。

含黏土级配不良砂（细砂）：厚度1.5~4m，灰黄色、浅黄色，以稍密-中密为主，局部呈松散或密实状，饱和-潮湿，接近地表部分为稍湿，砂含量45%~76%，局部砂含量达70%以上，夹薄层黏土、粉土夹层，局部含少量砾石，不均匀，余为粉黏粒。

②地层物理参数（见表3-25）

表3-25 沉降板范围内土层颗粒分析

取土深度（m）	76.2~4.75mm（%）	4.75~0.075mm（%）	<0.075mm（%）	液限 wl	塑限 wp	塑限指数 Ip
0.0~0.5	0	13	87	29	16	13
0.5~1.0	0	8	92	32	19	13
1.0~1.5	0	35	65			
1.5~2.0	0	69	31			
2.0~2.5	0	45	55			
2.5~3.0	0	76	24			
3.0~3.5	0	76	24			
3.5~4.0	0	72	28			

(3)沉降板设置

为测试试验点地层的溶陷深度，在试坑内埋设4个沉降板，4个分层观测点（5#、6#、7#、8#）布置在距试坑中心0.43m的不同深度土层，离试坑底分别为1m、2m、3m、3.6m（见图3-25）。

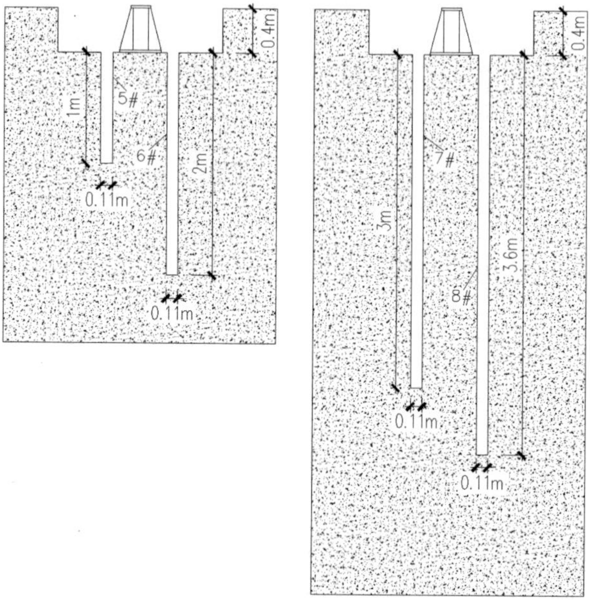

图3–25　沉降板布置图

（4）工况及原理

根据《盐渍土地区建筑技术规范》（GB/T 50942—2014），当地气象条件和设计方地质专业建议，设定各工况，并设定浸水压力为200kPa（即千斤顶反力10t）。见表3-26，加载阶段分为8级进行；浸水阶段分5种工况：①模拟月最大平均降雨量的浸水30mm工况；②模拟年最大单次降雨量的浸水60mm工况；③模拟年均降雨量的浸水100mm工况；④模拟当地极端单次降雨时长的24h保持30cm常水头浸水工况；⑤测定试验点溶陷系数的保持30cm常水头长期浸水工况。承载力特征值阶段分8级荷载进行加载，以更准确地确定地基承载力。

表3-26　试验工况划分表

试验步骤	试验阶段	工况编号	浸水高度	荷载等级
1	加载阶段		不浸水	1t(20kPa)
2				2t(40kPa)
3				3t(60kPa)
4				4t(80kPa)
5				5t(100kPa)
6				6t(120kPa)
7	浸水阶段	1	一次 30mm(累计 30mm)	6t(120kPa)
8		2	一次 30mm(累计 60mm)	6t(120kPa)
9		3	一次 40mm(累计 100mm)	6t(120kPa)
10		4	24 小时保持 30mm 水头高度	6t(120kPa)
11		5	保持 30mm 水头高度	6t(120kPa)
11	承载力特征值阶段		保持 30mm 水头高度	7t(140kPa)
12				8t(160kPa)
13				10t(200kPa)
14				12t(240kPa)
15				14t(280kPa)
16				16t(320kPa)
17				18t(360kPa)
18				20t(400kPa)

(5)试验结果

①分级加载阶段

加载到6t时,最终沉降量如表3-27所示,每级荷载下,荷载板s-t曲线如图3-26所示。在每级荷载作用下,稳定时的沉降量随着压力的增大而变大,120kPa时载荷板处最终沉降为5.22mm。

表3-27 6t(120kPa)稳定时沉降量

位置	0m(载荷板)	1m	2m	3m	3.6m
沉降量(mm)	5.22	1.17	0.57	-0.18	0.04

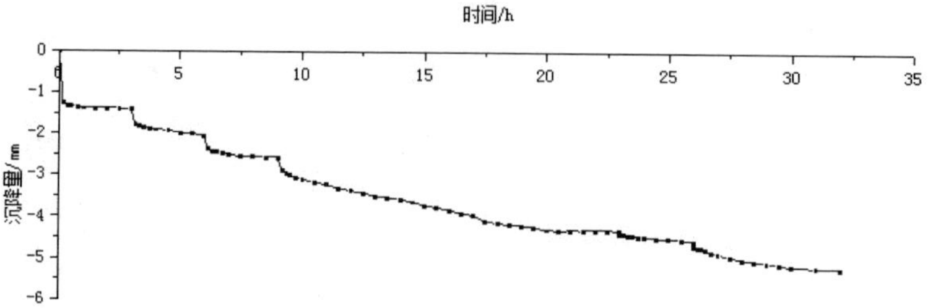

图3-26 载荷板分级加载s-t曲线

②浸水试验阶段

浸水阶段分为五种工况:a. 注水30mm (累计30mm);b. 注水30mm (累计60mm);c. 注水40mm (累计100mm);d. 持续24h浸水30cm;e.长期浸水。

从图3-27可以看出,首次注水30mm时,载荷板处沉降缓慢连续增加,为10.42mm,随后在累计注水100mm的情况下,s-t曲线一直处于连续变化状态,溶陷随时间缓慢发生,累计沉降量为21.88mm,

在24h浸水状态下，随着水入渗深度的增大，溶陷加速，累计沉降量为36.66mm。在整个浸水状态下，曲线基本呈线性关系，这是由于试验点为沙砾类盐渍土，土质颗粒均匀，首次注水后，水的入渗深度有限，在渗透深度范围内，盐渍土的盐晶体溶解，在附加应力作用下，土体结构产生失稳，发生溶陷。随后再次注水30mm、40mm情况下，随着水量增加，入渗深度变大，在渗透深度范围内，盐渍土的盐晶体溶解，在附加应力作用下，发生溶陷。在浸水24h及长期浸水情况下，沉降变化斜率轻微变大，说明虽然浸水时间延长，但溶陷并未偏离线性趋势大幅度变化，这是由于随着入渗深度继续变大，地层土继续随着盐晶体溶解而溶陷，但较深处土层基本不再发生溶陷。

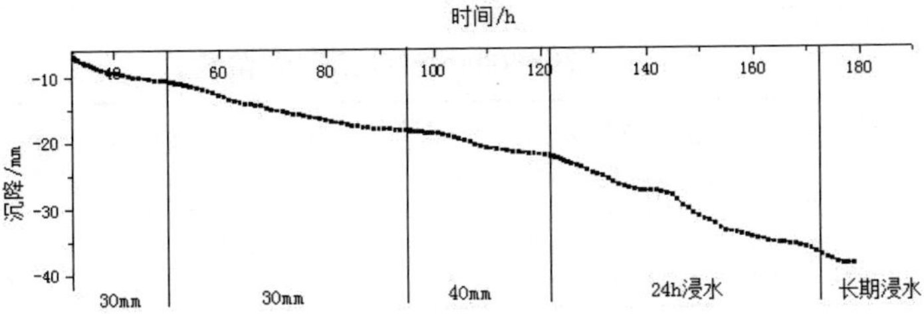

图3-27 载荷板浸水阶段s-t曲线

由表3-28可知，第一次浸水30mm时，载荷板最终累计沉降量达10.42mm，溶陷量为5.20mm，首次浸水后溶陷量较小。四个沉降板沉降溶陷量变化微小，说明注水30mm时溶陷发生在表层，且水未渗到1m沉降板处，3.6m位置接近地下水位，钻孔过程中扰动作用强烈，以致孔底土体湿软，所测沉降值离散过大。

表3-28　浸水30mm稳定时沉降溶陷量

位置	0m（载荷板）	1m	2m	3m	3.6m
沉降量（mm）	10.42	1.39	0.81	–0.06	0.56
累计溶陷量（mm）	5.20	0.22	0.24	0.12	0.52

注：累计溶陷量为截至本次工况的所发生总溶陷量（计算时排除土体的挤升），下同。

由表3–29可知，第二次注水30mm，即累计浸水60mm时，载荷板最终累计沉降量达18.10mm，累计溶陷量为12.88mm，说明再次浸水时土体在附加应力作用下继续发生溶陷，且溶陷较大，3.6m位置接近地下水位，钻孔过程中扰动作用强烈，以致孔底土体湿软，所测沉降值离散过大。

表3-29　浸水60mm稳定时沉降溶陷量

位置	0m（载荷板）	1m	2m	3m	3.6m
沉降量（mm）	18.10	2.24	1.01	–0.48	1.69
累计溶陷量（mm）	12.88	1.07	0.44	–0.3	1.65

注水40mm，即累计水100mm时由，表3–30可知，载荷板最终沉降量21.88mm，累计溶陷量为16.66mm，说明在继续注水的情况下，溶陷会持续发生，3.6m位置接近地下水位，钻孔过程中扰动作用强烈，以致孔底土体湿软，所测沉降值离散过大。

表3-30　浸水100mm稳定时沉降溶陷量

位置	0m（载荷板）	1m	2m	3m	3.6m
沉降量（mm）	21.88	2.93	1.12	–0.81	2.13
累计溶陷量（mm）	16.66	1.76	0.55	–0.63	2.09

持续24h浸水30cm时，沉降量继续增大，沉降量为36.66mm，累计溶陷量为31.44mm，由表3–31可知，浸水24h时，0m、1m、2m、3m四个沉降板沉降溶陷量有较大变化，说明浸水24h时水已渗到3m沉降板处，以致在渗流与应力的共同作用下发生溶陷，3.6m位置接近地下水位，钻孔过程中扰动作用强烈，以致孔底土体湿软，所测沉降值离散过大。

表3–31 浸水24h稳定时沉降溶陷量

位置	0m（载荷板）	1m	2m	3m	3.6m
沉降量（mm）	36.66	4.65	1.77	−1.34	4.68
累计溶陷量（mm）	31.44	3.48	1.2	0.2	4.64

长期浸水时，沉降量继续增大，沉降量为38.56mm，累计溶陷量为33.34mm，由表3–32可知，长期浸水时，1m、2m、3m沉降板溶陷量继续增大，说明溶陷深度大于3m，3.6m位置接近地下水位，钻孔过程中扰动作用强烈，以致孔底土体湿软，所测沉降值离散过大。

表3–32 长期浸水稳定时沉降溶陷量

位置	0m（载荷板）	1m	2m	3m	3.6m
沉降量（mm）	38.56	4.72	2.07	−1.14	4.97
累计溶陷量（mm）	33.34	3.55	1.5	0.4	4.93

土体浸水后的变形由附加应力作用下的挤胀效应与溶陷效应共同作用，当挤胀效应大于溶陷效应时呈上升状态，当挤胀效应小于溶陷效应时呈下沉状态。

对于坑底，从图3-28可看出，在分级加载阶段，坑底沉降为0.27mm，在浸水阶段，土体遇水后在挤胀作用下发生隆起，说明挤胀效应略大于溶陷效应。可认为该地层在无附加荷载作用时基本没有溶陷量，即溶陷量接近于0mm。则无附加荷载作用时，试验点土层不具有溶陷性。

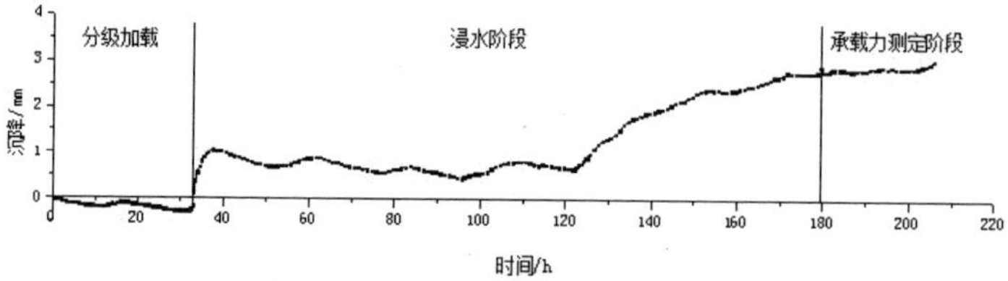

图3-28　坑底s-t曲线

(6)溶陷系数计算

按照浸水阶段的分层观测标的总溶陷量，得到溶陷量随深度的趋势线如图3-29所示，拟合法确定溶陷深度为3.1m，累计溶陷量为33.34mm，溶陷系数为0.011。且根据分层沉降板的观测结果，89%的溶陷量发生在1m以内的深度范围。等效法确定溶陷深度为0.8m可计算出等效溶陷系数为0.041，较拟合溶陷系数提高了3.8倍(见表3-33)。依《盐渍土地区建筑技术规范》(GB/T 50942—2014)确定该试验点土层属轻微溶陷。

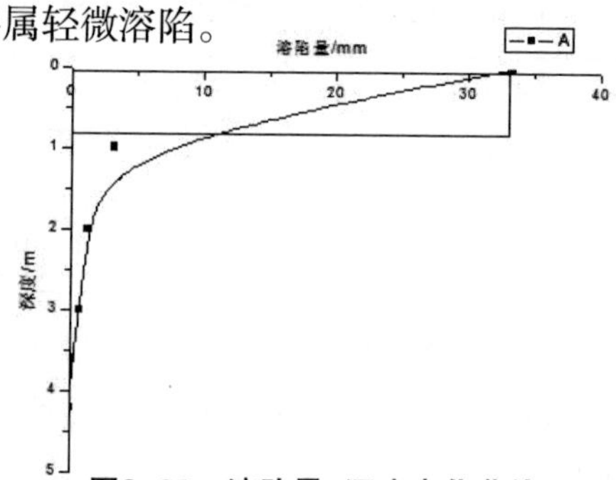

图3-29　溶陷量-深度变化曲线

表3-33　两种方法确定溶陷深度及系数对比表

拟合法确定溶陷深度（m）	3.1	拟合法计算溶陷系数	0.011
等效法确定溶陷深度（m）	0.8	等效法计算溶陷系数	0.041

（7）变形模量及承载力特征值

计算得到天然状态下，试验点土层的变形模量为10.43MPa，浸水状态下，变形模量为0.78MPa。

在浸水状况下加载到140kPa时，24h内沉降速率没有达到稳定标准，依《盐渍土地区建筑技术规范》（GB/T 50942—2014）试验点在浸水状态下极限承载力为140kPa，承载力特征值fak取极限承载力一半，fak=70kPa（见图3-30）。

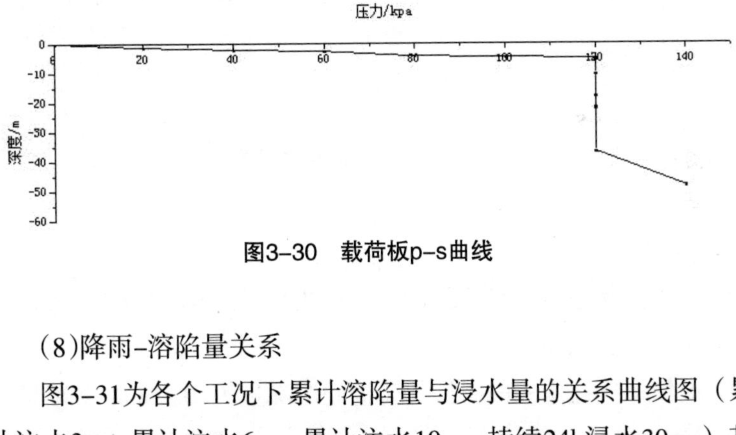

图3-30　载荷板p-s曲线

（8）降雨-溶陷量关系

图3-31为各个工况下累计溶陷量与浸水量的关系曲线图（累计注水3cm，累计注水6cm，累计注水10cm，持续24h浸水30cm），其中持续24h浸水30cm工况根据用水量换算后注水134cm，即累计注水144cm。

试验点地层为黏性土类细粒盐渍土，模拟降雨30mm时，溶陷量为5.2mm，模拟降雨60mm时，溶陷量为12.88mm，模拟降雨100mm

时，溶陷量为16.66mm，模拟当地单次极端降雨时长24h时，溶陷量为31.44mm。从图3-31可知，随着累计注水量的增加，溶陷量呈变大趋势，累计注水3cm、6cm情况下的溶陷变化率基本一致，累计注水10cm与持续24h浸水30cm情况下的溶陷变化率基本一致，且后两个工况下的溶陷变化速率较前两个工况下缓慢，曲线有收敛趋势，说明累计注水10cm以后，浸水量对溶陷量影响减弱，这是由于试验点地层为非自重溶陷性盐渍土，浅层土遇水产生溶陷后（累计注水3cm，累计注水6cm），地层越深，附加应力越小，以致发生的溶陷量越小，表现为溶陷增量较小。

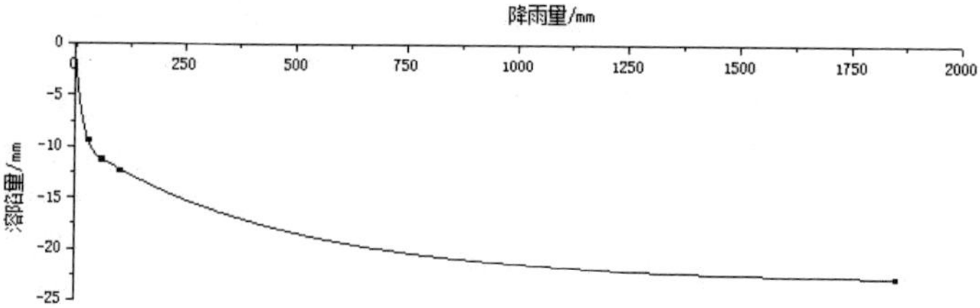

图3-31　降雨-溶陷关系图

(9)小结

①天然状态时在120kPa的荷载作用下，坑底沉降量为5.22mm，变形模量为10.43MPa。

②第一次注水30mm时，载荷板处沉降量为10.42mm，溶陷量为5.20mm。

第二次注水30mm，即累计注水60mm时，载荷板沉降量为18.10mm，累计溶陷量为12.88mm。注水40mm，即累计注水100mm时，荷载板沉降量21.88mm，累计溶陷量为16.66mm。持续24h浸水30cm时，荷载板沉降量为36.66mm，累计溶陷量为31.44mm。

③拟合法确定溶陷深度为3.1m,溶陷量为33.34mm,溶陷系数为0.011，等效法确定溶陷深度为0.8m计算得出等效溶陷系数为0.041。依《盐渍土地区建筑技术规范》(GB/T 50942—2014)确定试验点土层属轻微溶陷,且89%的溶陷量发生在1m以内的深度范围。

④坑底在无附加荷载作用时无溶陷,为非自重溶陷性盐渍土。

⑤在浸水状态下该试验段地基极限承载力为140kPa，承载力特征值fak=70kPa,变形模量为0.78MPa。

3.7.5　DK102+000试验点位分析

(1)试验点场地概况

试验点(DK102+000)位于干涸的盐湖,属湖积平原,地形平坦、开阔。表层土为盐渍土,属现代盐渍土,现代积盐过程仍在进行,盐渍化明显,具盐壳、松胀等现象,盐渍土厚度一般在4.5m以内,下部为含盐地层,厚度大于70m。

(2)地层物理参数表(见表3–34)

表3–34　沉降板范围内土层颗粒分析

取土深度(m)	76.2~4.75mm(%)	4.75~0.075mm(%)	<0.075mm(%)	液限wl	塑限wp	塑限指数Ip	易溶盐含量(%)
0.0~0.5							5.44
0.5~1.0							3.22
1.0~1.5							4.08
1.5~2.0							1.93
2.0~2.5							2.10
2.5~3.0							2.38
3.0~3.5							2.43
3.5~4.0							1.12

(3)沉降板设置

为测试试验点地层的溶陷深度,在试坑内埋设4个沉降板,4个分层观测点(5#、6#、7#、8#)布置在距试坑中心0.43m的不同深度土层,离试坑底分别为1m、2m、3m、4m,如图3-32所示。

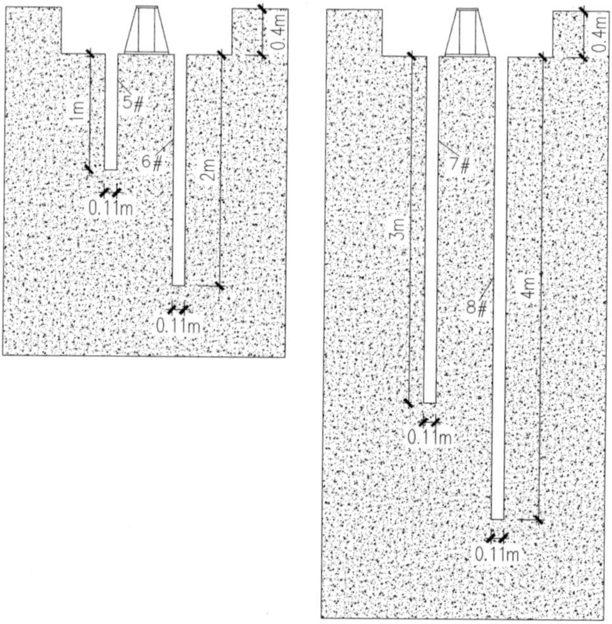

图3-32 沉降板布置图

(4)工况设置

根据《盐渍土地区建筑技术规范》(GB/T 50942—2014),当地气象条件和设计方地质专业建议,设定各工况,并设定浸水压力为120kPa(即千斤顶反力6t)。由表3-35可知,加载阶段分为8级进行;浸水阶段分5种工况:①模拟月最大平均降雨量的浸水30mm工况;②模拟年最大单次降雨量的浸水60mm工况;③模拟年均降雨量的浸水100mm工况；④模拟当地极端单次降雨时长的24h保持30cm常水头浸水工况；⑤测定试验点溶陷系数的保持30cm常水头长期浸水工况。承载力特征值阶段分8级荷载进行加载，以更准确地确定地基承载力。

表3-35　试验工况划分表

试验步骤	试验阶段	工况编号	浸水高度	荷载等级
1	加载阶段		不浸水	1t（20kPa）
2				2t（40kPa）
3				3t（60kPa）
4				4t（80kPa）
5				5t（100kPa）
6				6t（120kPa）
7	浸水阶段	1	一次 30mm（累计 30mm）	6t（120kPa）
8		2	一次 30mm（累计 60mm）	6t（120kPa）
9		3	一次 40mm（累计 100mm）	6t（120kPa）
10		4	24 小时保持 30mm 水头高度	6t（120kPa）
11		5	保持 30mm 水头高度	6t（120kPa）
12	承载力特征值阶段		保持 30mm 水头高度	7t（140kPa）
13				8t（160kPa）
14				10t（200kPa）
15				12t（240kPa）
16				14t（280kPa）
17				16t（320kPa）
18				18t（360kPa）
19				20t（400kPa）

(5)试验结果

①分级加载阶段

加载到6t时,最终沉降如表3-35所示,每级荷载下,荷载板沉降随时间的关系如图3-33所示。可以看出,在每级荷载作用下,沉降的稳定时间与沉降量都随着压力的增大而增大,载荷板处最终沉降为6.22mm。

表3-36 6t(120kPa)稳定时沉降量

位置	0m(载荷板)	1m	2m	3m	4m
沉降量(mm)	6.22	0.12	-0.20	-0.17	-0.68

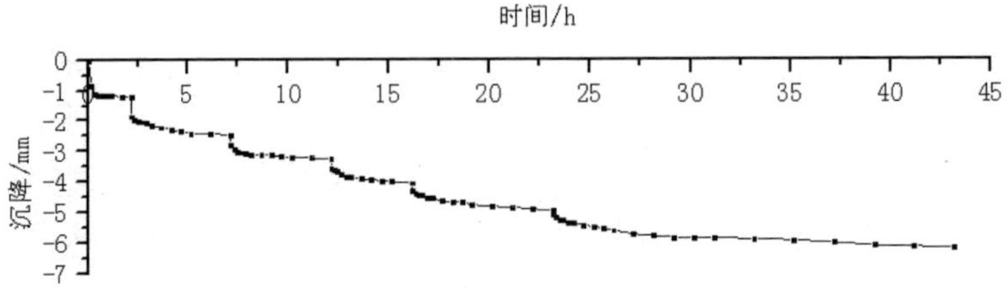

图3-33 载荷板分级加载s-t曲线

②浸水试验阶段

浸水阶段分为五种工况:a. 注水30mm(累计30mm);b. 注水30mm(累计60mm);c. 注水40mm(累计100mm);d. 持续24h浸水30cm;e. 长期浸水。

从图3-34可以看出,首次注水30mm时,载荷板处沉降缓慢连续增加,为13.13mm,因为该处地层为黏性土类细粒盐渍土,溶陷随结晶盐的溶解缓慢发生。随后在累计注水100mm的情况下,s-t曲线一直处于连续变化状态，溶陷随时间缓慢发生，累计沉降量为19.27mm，在24h浸水及长期状态下，随着水入渗深度的增大，溶陷短期加速，累计沉降为55.58mm。因为在24h浸水及长期状态下水的浸润深度较深，深层土体中盐分流失，结晶盐骨架作用消失，造成累计溶陷变大。

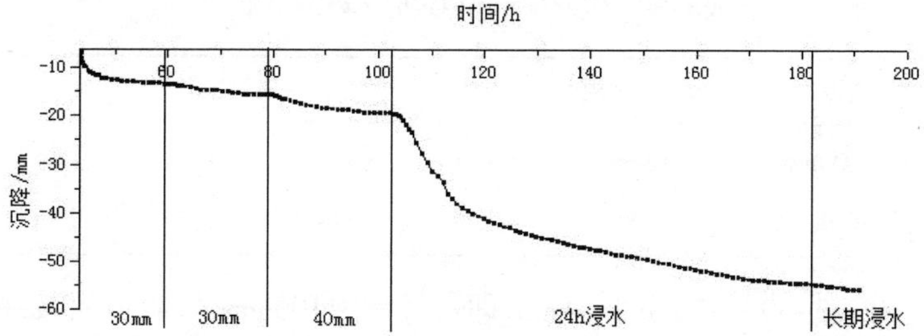

图3-34　载荷板浸水阶段s-t曲线

由表3-37可知，第一次注水30mm时，载荷板最终累计沉降量达13.13mm，溶陷量为6.91mm，首次浸水后溶陷量较小，四个沉降板沉降溶陷量几乎无变化，说明注水30mm时溶陷发生在表层，且水未渗到1m沉降板处，4m位置接近地下水位，钻孔过程中扰动作用强烈，以致孔底土体湿软，所测沉降值离散过大。

表3-37　浸水30mm稳定时溶沉量

位置	0m（载荷板）	1m	2m	3m	4m
沉降量（mm）	13.13	–0.17	–0.27	–0.5	–1.06
累计溶陷量（mm）	6.91	–0.29	–0.07	–0.33	–0.38

由表3-38可知，第二次注水30mm，即累计注水60mm时，载荷

板最终累计沉降量达15.44mm，累计溶陷量为9.22mm，说明再次浸水时试验点土体在附加应力作用下溶陷量继续增大，4m位置接近地下水位，钻孔过程中扰动作用强烈，以致孔底土体湿软，所测沉降值离散过大。

表3-38　浸水60mm稳定时沉降溶陷量

位置	0m（载荷板）	1m	2m	3m	4m
沉降量（mm）	15.44	–0.11	–0.29	–0.55	–1.23
累计溶陷量（mm）	9.22	–0.23	–0.09	–0.38	–0.55

由表3-39可知，注水40mm，即累计注水100mm时，载荷板最终沉降量19.27mm，累计溶陷量为13.05mm，说明在继续注水的情况下，溶陷会持续发生，4m位置接近地下水位，钻孔过程中扰动作用强烈，以致孔底土体湿软，所测沉降值离散过大。

表3-39　浸水100mm稳定时沉降溶陷量

位置	0m（载荷板）	1m	2m	3m	4m
沉降量（mm）	19.27	–0.05	–0.08	–0.42	–0.91
累计溶陷量（mm）	13.05	–0.17	0.12	–0.25	–0.23

由表3-40可知，持续24h浸水30cm时，沉降量继续增大，沉降量为54.48mm，累计溶陷量为48.26mm，由表3-39可知，浸水24h时，溶陷量继续增大，四个沉降板沉降溶陷量有较大变化，说明浸水24h时水已渗到3m沉降板处，以致在渗流与应力的共同作用下发生溶陷，4m位置接近地下水位，钻孔过程中扰动作用强烈，以致孔底土体湿软，所测沉降值离散过大。

表3-40 浸水24h稳定时沉降溶陷量

位置	0m（载荷板）	1m	2m	3m	4m
沉降量（mm）	54.48	4.37	1.77	1.21	5.04
累计溶陷量（mm）	48.26	4.25	1.97	1.38	5.72

长期浸水时，沉降量微小变大，沉降量为55.58mm，累计溶陷量为49.36mm，由表3-41可知，长期浸水时，溶陷量增量很小，说明溶陷已基本完成，且溶陷深度大于3m，4m位置接近地下水位，钻孔过程中扰动作用强烈，以致孔底土体湿软，所测沉降值离散过大。

表3-41 长期浸水稳定时沉降溶陷量

位置	0m（载荷板）	1m	2m	3m	4m
沉降量（mm）	55.58	4.48	1.93	1.41	5.37
累计溶陷量（mm）	49.36	4.36	2.13	1.62	6.05

土体浸水后的变形由附加应力作用下的挤胀效应与溶陷效应共同作用，当挤胀效应大于溶陷效应时呈上升状态，当挤胀效应小于溶陷效应时呈下沉状态。

对于坑底，从图3-35可看出，在分级加载阶段，坑底沉降为0.05mm。浸水阶段，在浸水阶段，土体遇水后在挤胀作用下发生隆起，说明挤胀效应略大于溶陷效应。可认为该地层在无附加荷载作用时基本没有溶陷量，即溶陷量接近于0mm。则无附加荷载作用时，试验点土层不具有溶陷性。

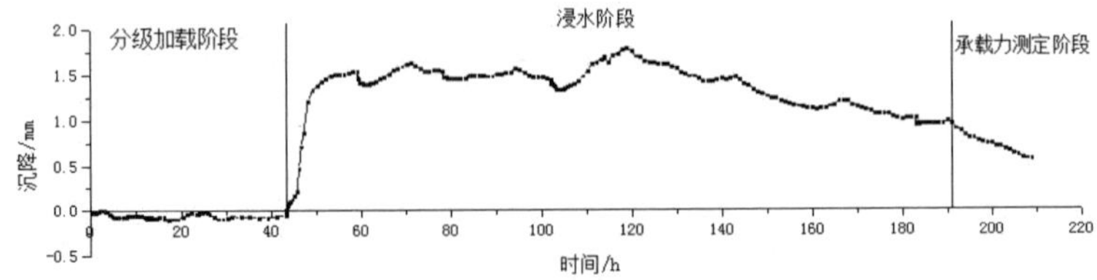

图3-35　坑底s-t曲线

(6)溶陷系数计算

按照浸水阶段的分层观测标的总溶陷量，得到溶陷量随深度的趋势线如图3-36所示，拟合法确定溶陷深度为3.7m，累计溶陷量为49.36mm，溶陷系数为0.013，可确定该试验点土层属轻微溶陷(见表3-42)。根据分层沉降板的观测结果，91%的溶陷量发生在1m以内的深度范围。由等效法确定溶陷深度为0.9m，可计算出等效溶陷系数为0.054，较拟合溶陷系数提高了4.2倍。依《盐渍土地区建筑技术规范》(GB/T 50942—2014)确定该试验点土层属于中等溶陷性。

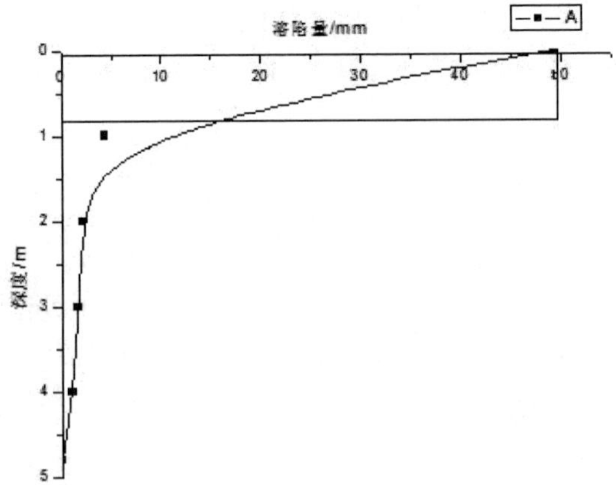

图3-36　溶陷量-深度变化曲线

表3-42 两种方法确定溶陷深度及系数对比

拟合法确定溶陷深度(m)	3.7	拟合法计算溶陷系数	0.013
等效法确定溶陷深度(m)	0.9	等效法计算溶陷系数	0.054

(7)变形模量及承载力特征值

计算得到天然状态下，试验点土层的变形模量为9.06MPa,浸水状态下,变形模量为0.69MPa。

在浸水状况下加载到140kPa时,24h内沉降速率没有达到稳定标准,依《盐渍土地区建筑技术规范》(GB/T 50942—2014)试验点在浸水状态下极限承载力为140kPa，承载力特征值fak取极限承载力一半,承载力特征值fak=70kPa(见图3-37)。

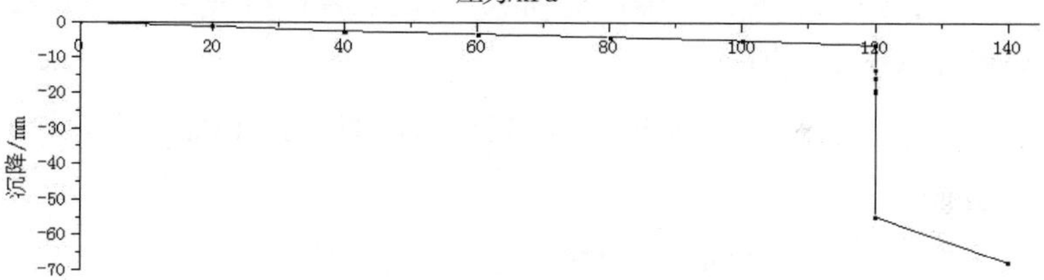

图3-37 载荷板p-s曲线

(8)降雨-溶陷量关系

图3-38为各个工况下累计溶陷量与浸水量的关系曲线图（累计注水30mm，累计注水60mm，累计注水100mm，持续24h浸水300mm)，其中持续24h浸水300mm工况根据用水量换算后注水510mm,即累计注水610mm。

试验点地层为黏性土类细粒盐渍土,模拟降雨30mm时,溶陷量为6.91mm,模拟降雨60mm时,溶陷量为9.22mm,模拟降雨100mm时,溶陷量为13.05mm,模拟当地单次极端降雨时长24h时,溶陷量为48.26mm。从图3-38可知，随着累计注水量的增加，溶陷量呈变大趋势，且斜率基本一致，因为遇水后结晶盐溶解，其所起骨架作用失效，黏性土固结沉降缓慢，呈均匀增大趋势。

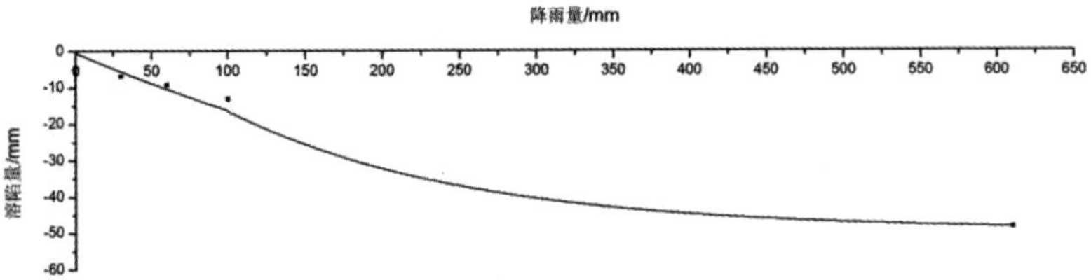

图3-38　降雨-溶陷关系图

(9)小结

①天然状态时在120kPa的荷载下，地表累计沉降量为6.22mm，变形模量为9.06MPa。

②第一次注水30mm时，载荷板处沉降量为13.13mm，溶陷量为6.91mm。

第二次注水30mm，即累计注水60mm时，载荷板沉降量达15.44mm，累计溶陷量为9.22mm。注水40mm，即累计注水100mm时，荷载板沉降量19.27mm，累计溶陷量为13.05mm。

持续24h浸水30cm时，荷载板沉降量为54.48mm，累计溶陷量为48.26mm。

③拟合法确定溶陷深度为3.7m，累计溶陷量为49.36mm，溶陷系数为0.013。根据等效法确定其深度为0.9m计算得出等效溶陷系数为0.054。依《盐渍土地区建筑技术规范》(GB/T 50942—2014)确定试验点土层由两种方法确定的溶陷系数分别为轻微溶陷、中性溶陷，且91%的溶陷量发生在1m以内的深度范围。

④坑底在无附加荷载作用时，试验点不具有溶陷性，为非自重溶陷性盐渍土。

⑤在浸水状态下该试验段地基极限承载力为140kPa，承载力特征值fak=70kPa，变形模量为0.69MPa。

3.7.6 DK67+350试验点位分析

（1）试验点场地概况

试验点（DK67+350）处为低山浅丘地貌，附加地形稍有起伏，自然坡度5°~15°，浅丘上部局部覆盖0~1m的圆砾土及砂土，大部分基岩裸露，旁内有施工便道相通，交通方便。

（2）地层物理参数（见表3-43）

表3-43 沉降板范围内土层颗粒分析

取土深度（m）	76.2~4.75mm（%）	4.75~0.075mm（%）	<0.075mm（%）	液限wl	塑限wp	塑限指数Ip
0.0~0.5	32	11	57	23	13	10
0.5~1.0	27	9	64	26	14	12
1.0~1.5						
1.5~2.0						
2.0~2.5						

（3）沉降板设置

为测试试验点地层的溶陷深度，在试坑内埋设4个沉降板，4个分层观测点（5#、6#、7#、8#）布置在距试坑中心0.43m的不同深度土层，离试坑底分别为1m、2m、3m、4m，如图3-39。

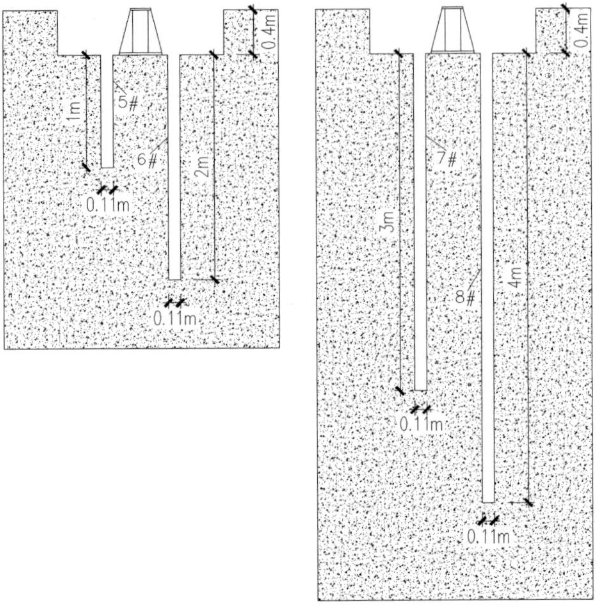

图3-39　沉降板布置图

(4)工况设置

根据《盐渍土地区建筑技术规范》(GB/T 50942—2014),当地气象条件和设计方地质专业建议,设定各工况,并设定浸水压力为200kPa(即千斤顶反力10t)。加载阶段分为8级进行;浸水阶段分5种工况:①模拟月最大平均降雨量的浸水30mm工况;②模拟年最大单次降雨量的浸水60mm工况;③模拟年均降雨量的浸水100mm工况;④模拟当地极端单次降雨时长的24h保持30cm常水头浸水工况;⑤测定试验点溶陷系数的保持30cm常水头长期浸水工况。承载力特征值阶段分8级荷载进行加载,以更准确地确定地基承载力(见表3-44)。

表3-44 试验工况划分表

试验步骤	试验阶段	工况编号	荷载等级
1	加载阶段		1t(20kPa)
2			2t(40kPa)
3			3t(60kPa)
4			4t(80kPa)
5			5t(100kPa)
6			6t(120kPa)
7			8t(160kPa)
8			10t(200kPa)
9	浸水阶段	1	10t(200kPa)
10		2	10t(200kPa)
11		3	10t(200kPa)
12		4	10t(200kPa)
13		5	10t(200kPa)
14	承载力特征值阶段		11t(220kPa)
15			12t(140kPa)
16			13t(260kPa)
17			14t(280kPa)
18			15t(300kPa)
19			16t(320kPa)
20			18t(360kPa)
21			20t(400kPa)

(5)试验结果

①分级加载阶段

加载到10t时，最终沉降量如表3-45所示，每级荷载下，荷载板

s–t曲线如图3–40所示。从图3–54看出，在每级荷载作用下，稳定时的沉降量随着压力的增大而变大，200kPa时载荷板处最终沉降为15.23mm。

表3–45　10t(200kPa)稳定时沉降量

位置	0m(载荷板)	1m	2m	3m	4m
沉降量(mm)	15.23	–0.21	1.01	0.50	–0.24

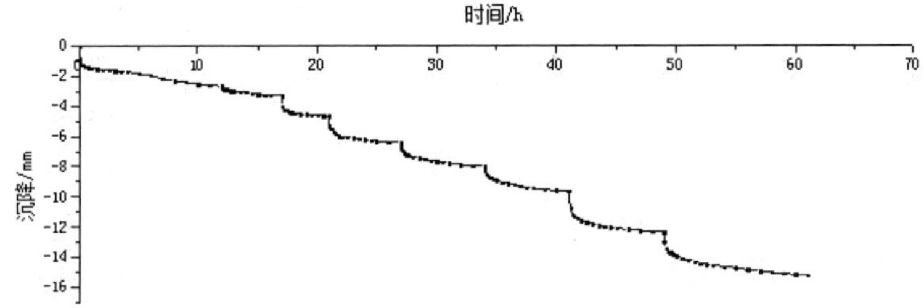

图3–40　载荷板分级加载s–t曲线

②浸水试验阶段

浸水阶段分为五种工况：a. 注水 30mm(累计 30mm)；b. 注水30mm(累计 60mm)；c. 注水 40mm(累计 100mm)；d. 持续 24h 浸水30cm；e. 长期浸水。

从图3–41可以看出，首次注水30mm时，载荷板处土层在刚浸水后短时间内发生沉降速率较快，随后沉降速率变缓，呈连续变化，最终沉降为24.56mm。随后在累计注水100mm过程中，载荷板处土层继续沿相近的沉降速率变化，稳定时沉降为27.51mm。在浸水24h状态下，载荷板处土层在短时间内发生沉降速率变大，发生突变，随后沉降缓慢连续增加，最终沉降为37.91mm。在长期浸水工况下，s-t曲线连续变化，最终累计沉降为39.68mm。

在首次浸水工况下，曲线基本呈前期短时间内快速沉降，后期沉降缓慢变化的关系，随后两种工况下，浸水后沉降变化幅度较小，接着在24h浸水工况下，前期土层在短时间内沉降速率变大，后期沉降速率变小，呈平稳变化趋势。这是由于试验点为风化层盐渍土，土质颗粒较细，且均匀，首次注水后，水的入渗深度有限，在渗透深度范围内，盐渍土的盐晶体溶解，在附加应力作用下，土体结构产生失稳，发生溶陷。随后再次注水30mm、40mm情况下，随着水量增加，入渗深度变大，在渗透深度范围内，盐渍土的盐晶体溶解，在附加应力作用下，在较深土层继续发生溶陷。在浸水24h及长期浸水情况下，沉降发生短时间大幅度变化，后期变化趋于平稳，说明随着浸水时间延长，水入渗深度继续变大，浅层土已随着盐晶体溶解而充分溶陷，但较深处为岩层基本不会发生溶陷所致。

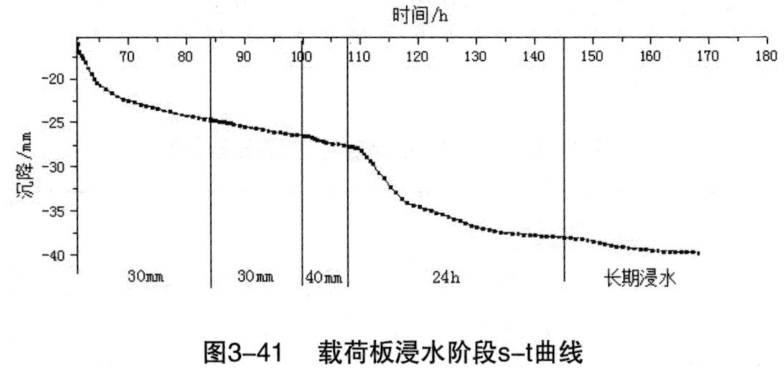

图3-41　载荷板浸水阶段s-t曲线

第一次浸水30mm时，载荷板最终累计沉降量达24.56mm，溶陷量为9.33mm，首次浸水后溶陷量较大（见表3-46）。

表3-46　浸水30mm稳定时沉降溶陷量

位置	0m（载荷板）	1m	2m	3m	4m
沉降量（mm）	24.56	–0.58	1.58	0.97	–0.44
累计溶陷量（mm）	9.33	–0.37	0.57	0.47	–0.2

第二次注水30mm，即累计浸水60mm时，载荷板最终累计沉降量达26.43mm，累计溶陷量为11.2mm，说明再次浸水时土体在附加应力作用下继续发生溶陷（见表3–47）。

表3-47　浸水60mm稳定时沉降溶陷量

位置	0m（载荷板）	1m	2m	3m	4m
沉降量（mm）	26.43	–0.58	2.64	1.14	–0.48
累计溶陷量（mm）	11.2	–0.37	1.63	0.64	–0.24

注水40mm，即累计水100mm时，载荷板最终沉降量27.51mm，累计溶陷量为12.28mm，说明在继续注水的情况下，溶陷会持续发生（见表3–48）。

表3-48　浸水100mm稳定时沉降溶陷量

位置	0m（载荷板）	1m	2m	3m	4m
沉降量（mm）	27.51	–0.71	2.70	1.04	–0.50
累计溶陷量（mm）	12.28	–0.5	1.69	0.54	–0.26

表3-49　浸水24h稳定时沉降溶陷量

位置	0m（载荷板）	1m	2m	3m	4m
沉降量（mm）	37.91	–0.02	5.20	1.67	1.99
累计溶陷量（mm）	22.68	0.19	4.19	1.17	2.23

长期浸水时，沉降量继续增大，沉降量为39.68mm，累计溶陷量为24.45mm。

表3-50　长期浸水稳定时沉降溶陷量

位置	0m（载荷板）	1m	2m	3m	4m
沉降量（mm）	39.68	0.30	6.51	1.94	2.46
累计溶陷量（mm）	24.45	0.51	5.5	1.44	2.7

土体浸水后的变形由附加应力作用下的挤胀效应与溶陷效应共同作用，当挤胀效应大于溶陷效应时呈上升状态，当挤胀效应小于溶陷效应时呈下层状态。

对于坑底，从图3-42可看出，在分级加载阶段，坑底沉降为0.06mm，在浸水初始阶段，土体遇水后在溶陷作用下发生沉降，说明溶陷效应略大于挤胀效应。随着浸水量的增加，地层的发生挤胀，说明后期随着渗透深度的增加，地层在附加应力作用下发生挤升，表明该地层在无附加荷载作用时溶陷量为0.89mm。表明在无附加荷载作用时，试验点土层不具有溶陷性。

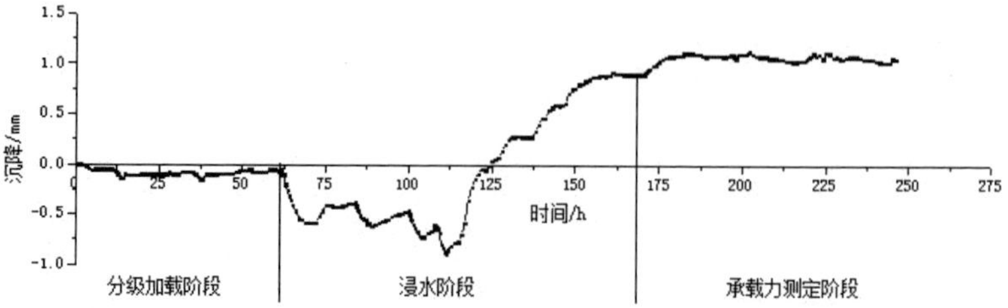

图3-42 坑底s-t曲线

(6)溶陷系数计算

依据该试验场地的实际情况,1m以下为不具有溶陷性的砂岩,根据长期浸水稳定溶陷量可绘制溶陷量-深度曲线图如图3-43所示,拟合法确定溶陷深度为4.7m,累计溶陷量为24.45mm,溶陷系数为5.2×10^{-3},可确定该试验点土层溶陷性轻微。等效法确定溶陷深度为1.4m可计算等效溶陷系数为0.017较拟合溶陷系数提高了3.3倍(见表3-51)。依《盐渍土地区建筑技术规范》(GB/T 50942—2014)确定该试验点土层属轻微溶陷。

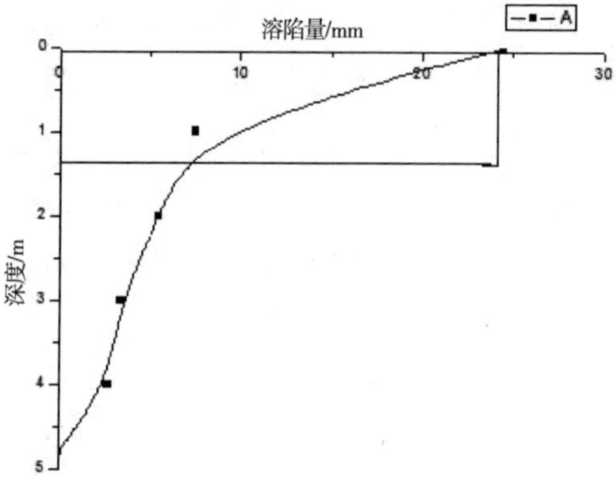

图3-43 溶陷量-深度变化曲线

表 3-51 两种方法确定溶陷深度及系数对照表

拟合法确定溶陷深度(m)	4.7	拟合法计算溶陷系数	5.2×10^{-3}
等效法确定溶陷深度(m)	1.4	等效法计算溶陷系数	0.017

(7)变形模量及承载力特征值

计算得到天然状态下，试验点土层的变形模量为6.02MPa，浸水状态下，变形模量为0.35MPa。

在浸水状况下加载到300kPa时，24h内沉降速率没有达到稳定标准，依《盐渍土地区建筑技术规范》(GB/T 50942—2014)试验点在浸水状态下极限承载力为300kPa，承载力特征值fak取极限承载力一半，fak=150kPa，如图3-44。

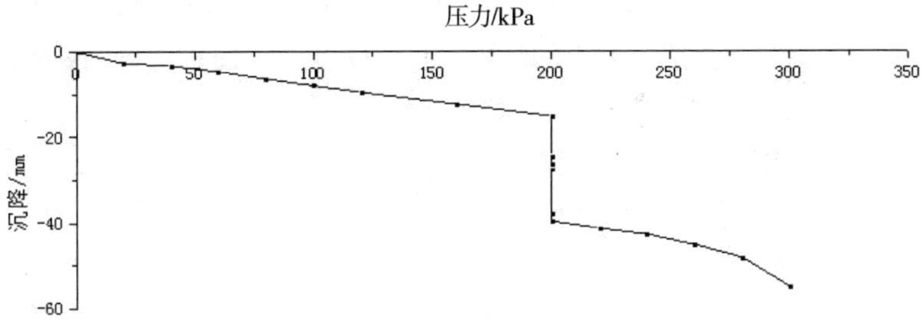

图3-44 载荷板p-s曲线

(8)降雨-溶陷量关系

图3-45为各个工况下累计溶陷量与浸水量的关系曲线图（累计注水3cm，累计注水6cm，累计注水10cm，持续24h浸水30cm)，其中持续24h浸水30cm工况根据用水量换算后注水175cm，即累计注水185cm。

试验点地层为风化层盐渍土，模拟降雨30mm时，溶陷量为9.33mm，模拟降雨60mm时，溶陷量为11.2mm，模拟降雨100mm时，溶陷量为12.28mm，模拟当地单次极端降雨时长24h时，溶陷量为22.68mm。从图3–59可知，随着累计注水量的增加，溶陷量呈变大趋势，首次注水时，溶陷量变化较大，为9.33mm，因为地表浅层为风化层，土体孔隙较大，且遇水后结晶盐溶解，在附加应力作用下其所起骨架作用失效，造成沉降短时间内突降，地层压密。随后直到注水量为100mm的过程中，随着渗透深度的加深，溶陷量一直在增大，但累计注水10cm到持续24h浸水30cm工况中，溶陷量变化减弱，这是因为虽然渗透深度增加，但地层较深处逐渐由土层过渡到岩层所致。在浸水24h状态下，水分的渗透持续发生，但溶陷量增加较小，因为24h浸水工况下，水的渗透持续发生，浅层土随着盐晶体充分溶解而发生溶陷，但较深地层为不具有溶陷性的岩层，以致溶陷量增加缓慢而呈收敛趋势。

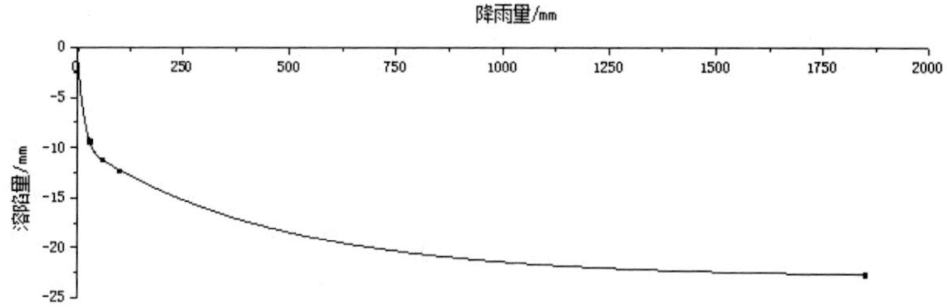

图3–45　降雨–溶陷关系图

(9)小结

①天然状态时在200kPa的荷载作用下，坑底沉降量为15.23mm，变形模量为6.02MPa。

②第一次注水30mm时，载荷板处沉降量为24.56mm，溶陷量为9.33mm。

第二次注水30mm，即累计注水60mm时，载荷板沉降量为26.43mm，累计溶陷量为11.2mm。注水40mm，即累计注水100mm时，荷载板沉降量27.51mm，累计溶陷量为12.28mm。

持续24h浸水30cm时，荷载板沉降量为37.91mm，累计溶陷量为22.68mm。

③拟合法确定溶陷深度为4.7m，溶陷量为24.45mm，溶陷系数为5.2×10^{-3}，根据等效法确定溶陷深度为1.4m计算得出等效溶陷系数为0.017。依《盐渍土地区建筑技术规范》(GB/T 50942—2014)由两种方法确定试验点土层分别为非溶陷、轻微溶陷。

④坑底在无附加荷载作用时，试验点土层具有溶陷性，为非自重溶陷性盐渍土。

⑤在浸水状态下该试验段地基极限承载力为300kPa，承载力特征值fak=150kPa，变形模量为0.35MPa。

3.7.7 D1K140+500试验点位分析

(1)试验点场地概况

试验点(D1K140+500)处为冲洪积平原地貌，地形平坦、开阔，附近地面高程908~910m，自然坡度1°~3°，相对高差1~2m，地表广布第四系覆盖层，层厚大于30m，未见基岩出露。地表零星生长耐盐碱植被，少量农田。

（2）地层物理参数（见表3–52）

表3–52　沉降板范围内土层颗粒分析

取土深度（m）	76.2~4.75mm（%）	4.75~0.075mm（%）	<0.075mm（%）	液限wl	塑限wp	塑限指数Ip
0.0~0.5	0	6	94	30	17	13
0.5~1.0	1	7	92	29	16	13
1.0~1.5	2	6	92	29	16	13
1.5~2.0						
2.0~2.5						
2.5~3.0						
3.0~3.5						
3.5~4.0						

（3）沉降板设置

为测试试验点地层的溶陷深度，在试坑内埋设4个沉降板，4个分层观测点（5#、6#、7#、8#）布置在距试坑中心0.43m的不同深度土层，离试坑底分别为1m、2m、3m、4m，如图3–46。

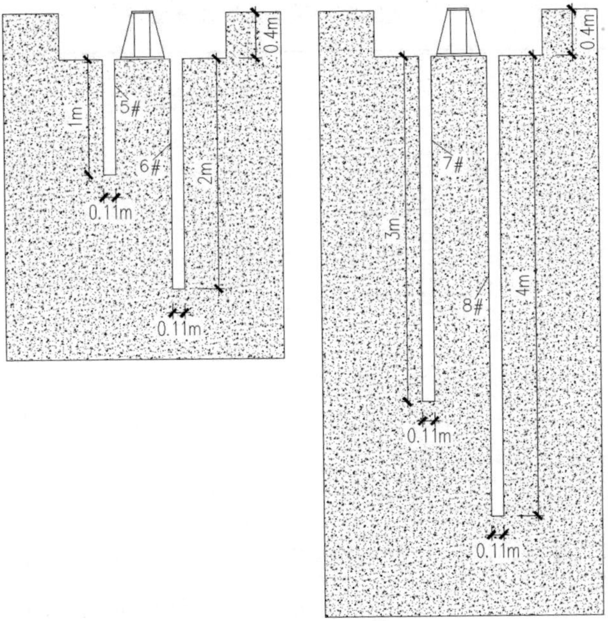

图3-46 沉降板布置图

(4)工况及原理

根据《盐渍土地区建筑技术规范》(GB/T 50942—2014),当地气象条件和设计方地质专业建议,设定各工况,并设定浸水压力为200kPa(即千斤顶反力10t)。加载阶段分为8级进行;浸水阶段分5种工况(见表3-52):①模拟月最大平均降雨量的浸水30mm工况;②模拟年最大单次降雨量的浸水60mm工况;③模拟年均降雨量的浸水100mm工况;④模拟当地极端单次降雨时长的24h保持30cm常水头浸水工况;⑤测定试验点溶陷系数的保持30cm常水头长期浸水工况。承载力特征值阶段分8级荷载进行加载,以更准确地确定地基承载力。

表3–53　试验工况划分表

试验步骤	试验阶段	工况编号	浸水高度	荷载等级
1	加载阶段		不浸水	1t(20kPa)
2				2t(40kPa)
3				3t(60kPa)
4				4t(80kPa)
5				5t(100kPa)
6				6t(120kPa)
7				8t(160kPa)
8				10t(200kPa)
9	浸水阶段	1	一次 30mm(累计 30mm)	10t(200kPa)
10		2	一次 30mm(累计 60mm)	10t(200kPa)
11		3	一次 40mm(累计 100mm)	10t(200kPa)
12		4	24 小时保持 30cm 水头高度	10t(200kPa)
13		5	保持 30cm 水头高度	10t(200kPa)
14	承载力特征值阶段		保持 30cm 水头高度	11t(220kPa)
15				12t(140kPa)
16				13t(260kPa)
17				14t(280kPa)
18				15t(300kPa)
19				16t(320kPa)
20				18t(360kPa)
21				20t(400kPa)

(5)试验结果

①分级加载阶段

加载到10t时，最终沉降量如表3-54所示，每级荷载下，荷载板s-t曲线如图3-47所示。从图看出，在每级荷载作用下，稳定时的沉降量随着压力的增大而变大，200kPa时载荷板处最终沉降为3.25mm。

表3-54　10t(200kPa)稳定时沉降量

位置	0m(载荷板)	1m	2m	3m	4m
沉降量(mm)	3.25	-0.05	-0.19	-0.23	-0.22

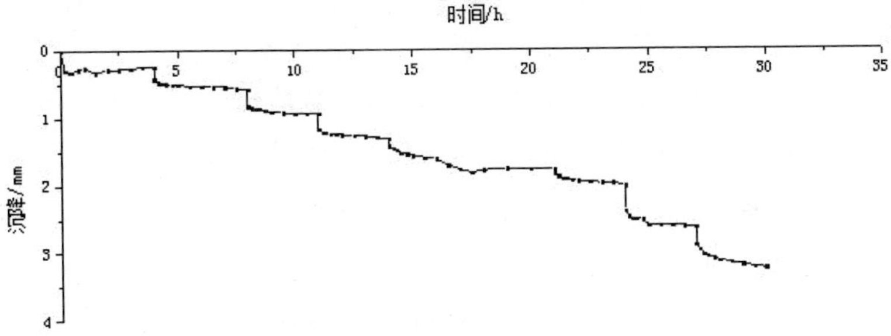

图3-47　载荷板分级加载s-t曲线

②浸水试验阶段

浸水阶段分为五种工况：a. 注水30mm（累计30mm）；b. 注水30mm（累计60mm）；c. 注水40mm（累计100mm）；d. 持续24h浸水30cm；e. 长期浸水。

从图3-48可以看出，整个浸水阶段，沉降曲线除在每级荷载的开始阶段出现轻微陡降，其他时间随时间较平稳发展。其中30~

100mm较24h浸水和长期浸水发展稍显缓慢，60mm工况在两小时之内即达到稳定，这主要是由于试验点土质为坚硬黏土，水头压力较小时入渗较浅。24h浸水工况在停水50个小时后方达到稳定，也进一步说明了水渗入发展过程较为缓慢。

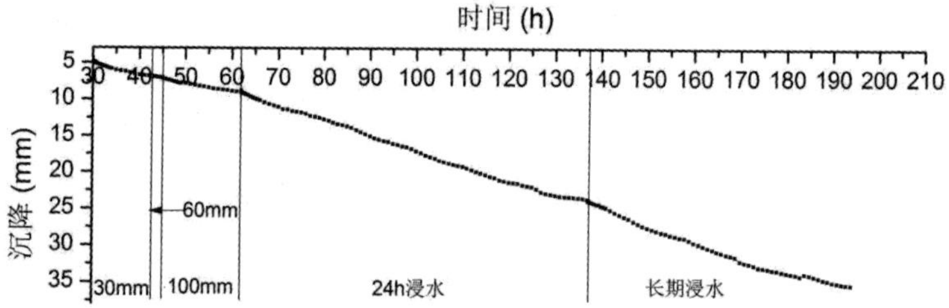

图3-48　载荷板浸水阶段s-t曲线

由表3-55可知，第一次浸水30mm时，载荷板最终累计沉降量达6.89mm，溶陷量为3.64mm；1m和2m处沉降板移动较为明显，3m和4m沉降板基本未发生移动，说明30mm工况水入渗深度在2~3m。

表3-55　浸水30mm稳定时沉降溶陷量

位置	0m（载荷板）	1m	2m	3m	4m
沉降量（mm）	6.89	0.10	−0.03	−0.26	−0.21
累计溶陷量（mm）	3.64	0.15	0.16	−0.03	0.01

由表3-56可知，第二次注水30mm，即累计浸水60mm时，载荷板最终累计沉降量达7.08mm，累计溶陷量为3.83mm，与上一个工况相比，溶陷量仅增长0.19mm，2m处沉降板轻微挤升，3m及4m处沉降板位移基本不变，说明随着注水量增大，水入渗至1~2m水量增大，

但仍未渗透至3m深度。

表3–56 浸水60mm稳定时沉降溶陷量

位置	0m(载荷板)	1m	2m	3m	4m
沉降量(mm)	7.08	0.12	–0.10	–0.27	–0.21
累计溶陷量(mm)	3.83	0.17	0.09	–0.04	0.01

由表3–57可知,注水40mm,即累计水100mm时,载荷板最终沉降量8.79mm,累计溶陷量为5.54mm,此阶段1~3m沉降板挤升明显,4m处沉降板也发生微小位移,水入渗深度已到达4m附近。

表3–57 浸水100mm稳定时沉降溶陷量

位置	0m(载荷板)	1m	2m	3m	4m
沉降量(mm)	8.79	0.20	–0.20	–0.39	–0.17
累计溶陷量(mm)	5.54	0.25	–0.01	–0.16	0.05

由表3–58可知,持续24h浸水30cm时,沉降量继续增大,沉降量为23.61mm,累计溶陷量为20.35mm,相较于前几种工况,此工况溶陷量大幅度增加,水入渗深度也至4m以上。

表3–58 浸水24h稳定时沉降溶陷量

位置	0m(载荷板)	1m	2m	3m	4m
沉降量(mm)	23.61	2.83	0.50	–0.09	0.68
累计溶陷量(mm)	20.35	2.88	0.69	0.14	0.90

由表3-59可知，长期浸水时，沉降量继续增大，沉降量为35.23mm，累计溶陷量为31.88mm，长期浸水时，沉降继续大幅增加，各层沉降板溶陷都有不同幅度增长，应力较大的1m以上区域沉降增长尤为明显。

表3-59　长期浸水稳定时沉降溶陷量

位置	0m(载荷板)	1m	2m	3m	4m
沉降量(mm)	35.23	9.68	1.04	0.28	1.83
累计溶陷量(mm)	31.88	9.73	1.23	0.51	2.05

由表3-60可知，土体浸水后的变形由附加应力作用下的挤胀效应与溶陷效应共同作用，当挤胀效应大于溶陷效应时呈上升状态，当挤胀效应小于溶陷效应时呈下沉状态。

对于坑底，从图3-49可看出，在整个试验阶段，地表沉降板观测数据在(-4,4)的区间波动，整个浸水阶段一直在缓慢挤胀上升，但挤胀作用一般较小，因此可认为该地层在无附加荷载作用时溶陷量很小，表明无附加荷载作用时，试验点土层不具有溶陷性。

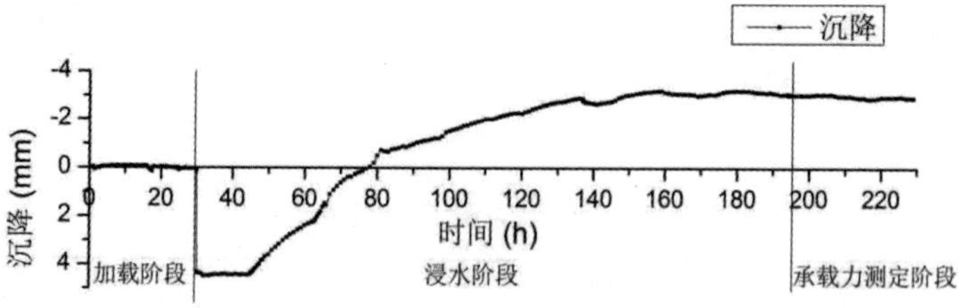

图3-49　坑底s-t曲线

(6)溶陷系数计算

由按照浸水阶段的分层观测标的总溶陷量，拟合得溶陷量随深度的趋势线如3-50图所示，拟合法确定3.5m为溶陷深度。累计溶陷量为31.88mm，溶陷系数为9.1×10^{-3}，且70%的溶陷量发生在1m的深度范围内。其等效溶陷深度为1.3m可计算其等效溶陷系数为0.024较拟合溶陷系数提高了2.6倍，依《盐渍土地区建筑技术规范》(GB/T 50942—2014)由两种方法确定该试验点土层分别为非溶陷性、轻微溶陷性(见表3-60)。

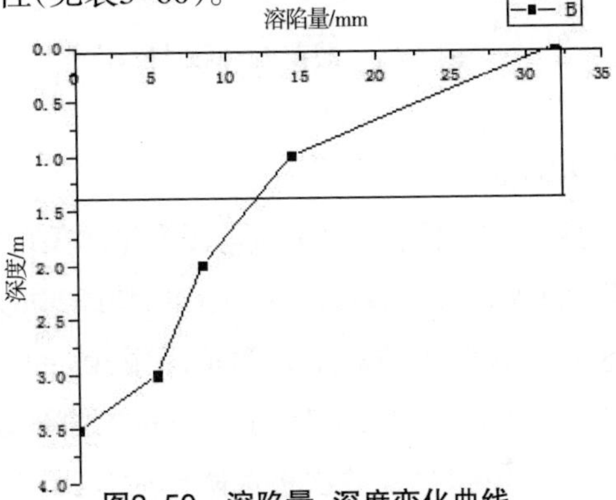

图3-50 溶陷量-深度变化曲线

表3-60 两种方法确定溶陷深度及系数对比表

拟合法确定溶陷深度(m)	3.5	拟合法计算溶陷系数	9.1×10^{-3}
等效法确定溶陷深度(m)	1.3	等效法计算溶陷系数	2.4×10^{-2}

(7)变形模量及承载力特征值

计算得到天然状态下，试验点土层的变形模量为26.78MPa，浸水状态下，变形模量为0.82MPa。

在浸水状况下加载到220kPa时，24h内沉降速率没有达到稳定标准，依《盐渍土地区建筑技术规范》(GB/T 50942—2014)试验点在浸水状态下极限承载力为220kPa，承载力特征值fak取极限承载力一半，fak=110kPa，见图3-52。

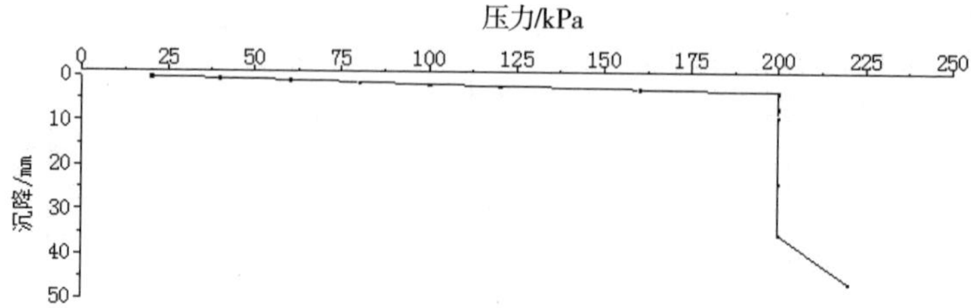

图3-52　载荷板p-s曲线

（8）降雨-溶陷量关系

图3-53为各个工况下累计溶陷量与浸水量的关系曲线图（累计注水30mm，累计注水60mm，累计注水100mm，持续24h浸水300mm）。

试验点地层为含砂砾质黏土，模拟降雨30mm时，溶陷量为3.64mm，模拟降雨60mm时，溶陷量为3.83mm，模拟降雨100mm时，溶陷量为5.54mm，模拟当地单次极端降雨时长24h时，溶陷量为20.35mm，长期浸水稳定，溶陷量为31.89mm。从图3-51可知，在30mm降雨量以内，溶陷量随降雨量增长较大，降雨量大于30mm时，溶陷量随降雨量平稳发展，降雨量至900mm后溶陷基本完成，不再随降雨量增大有较大增长，最终溶陷量将稳定在32mm左右。

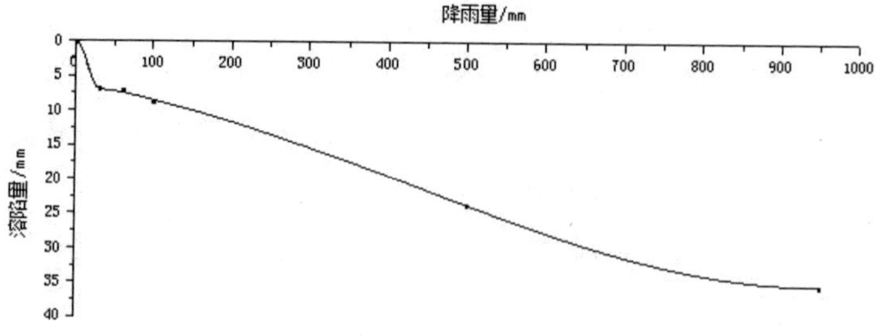

图3-53　降雨-溶陷关系图

(9)浸润范围

在浸水荷载试验完成后,根据现场挖槽测定含水率等方法,以确定该试验点在浸水状态时的浸润范围,首先,在距离试验点25m的位置开挖天然地层, 使用水分探头传感器测试土层的天然含水率作为参考标准,然后,在试验点处沿半径方向开挖试槽,直到能看到浸润范围的大致边缘为止,随后根据天然含水率,通过测试不同位置处的含水率线性内插后确定该试验点的浸润范围。

由图3-54可知,水浸润范围曲线大致呈椭圆形,在2米深度,达到最大浸润宽度4m;0~2m范围内,浸润范围随深度增加,2~4m范围随深度增加而减小。

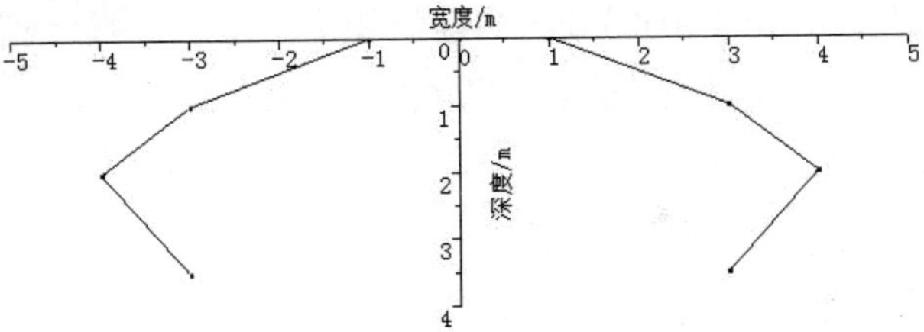

图3-54 浸润范围图

(10)小结

①天然状态时在200kPa的荷载作用下,坑底沉降量为3.25mm,变形模量为26.78MPa。

②第一次注水30mm时,载荷板处沉降量为6.89mm,溶陷量为3.64mm;第二次注水30mm,即累计注水60mm时,载荷板沉降量为7.08mm,累计溶陷量为3.83mm;注水40mm,即累计注水100mm时,荷载板沉降量8.79mm, 累计溶陷量为5.54mm; 持续24h浸水30cm时,荷载板沉降量为23.61mm,累计溶陷量为20.35mm;30cm常水头长期浸水时,荷载板沉降量为35.23mm,累计溶陷量为31.88mm。

③拟合法确定溶陷深度为3.5m，溶陷量为31.88mm，溶陷系数为9.1×10^{-3}，根据等效法确定其深度为1.3m计算得出等效溶陷系数为0.024。依《盐渍土地区建筑技术规范》(GB/T 50942—2014)由两种发放确定试验点土层分别为非溶陷性、轻微溶陷性。且70%的溶陷量发生在1m的深度范围内。

④坑底在无附加荷载作用时无溶陷，为非自重溶陷性盐渍土。

⑤在浸水状态下该试验段地基极限承载力为220kPa，承载力特征值fak=110kPa，变形模量为0.82MPa。

3.7.8 GK4+050试验点位分析

(1)试验点场地概况

试验点(GK4+050)处为山前洪积平原地貌，附近地形起伏较小，地势较平坦开阔，地面高程1056~1062m，自然坡度1°~3°，段内覆盖层较厚。

(2)地层物理参数(见表3-61)

表3-61 沉降板范围内土层颗粒分析

取土深度(m)	76.2~4.75mm(%)	4.75~0.075mm(%)	<0.075mm(%)	液限wl	塑限wp	塑限指数Ip
0.0~0.5	34	33	33	25	13	12
0.5~1.0	48	30	22	25	14	11
1.0~1.5						
1.5~2.0						
2.0~2.5						
2.5~3.0						
3.0~3.5						
3.5~4.0						

(3)沉降板设置

如图3-55为测试试验点地层的溶陷深度，在试坑内埋设4个沉降板，4个分层观测点(5#、6#、7#、8#)布置在距试坑中心0.43m的不同深度土层，离试坑底分别为1m、2m、3m、4m。

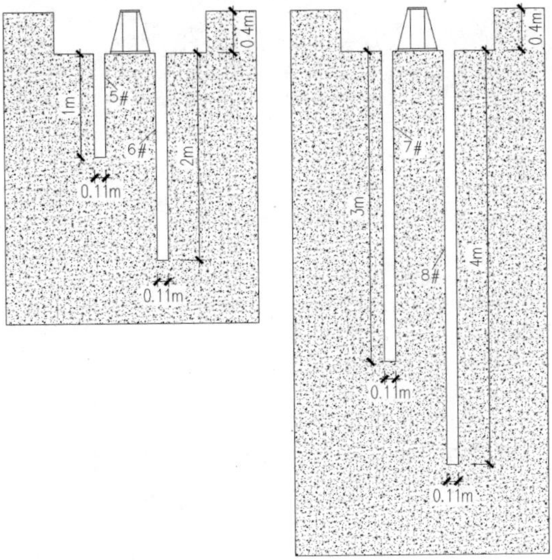

图3-55 沉降板布置图

(4)工况及原理

根据《盐渍土地区建筑技术规范》(GB/T 50942—2014)，当地气象条件和设计方地质专业建议，设定各工况，并设定浸水压力为200kPa(即千斤顶反力10t)。加载阶段分为8级进行；浸水阶段分5种工况(见表3-62)：①模拟月最大平均降雨量的浸水30mm工况；②模拟年最大单次降雨量的浸水60mm工况；③模拟年均降雨量的浸水100mm工况；④模拟当地极端单次降雨时长的24h保持30cm常水头浸水工况；⑤测定试验点溶陷系数的保持30cm常水头长期浸水工况。承载力特征值阶段分8级荷载进行加载，以更准确地确定地基承载力。

表3-62　试验工况划分表

试验步骤	试验阶段	工况编号	浸水高度	荷载等级
1	加载阶段		不浸水	1t(20kPa)
2				2t(40kPa)
3				3t(60kPa)
4				4t(80kPa)
5				5t(100kPa)
6				6t(120kPa)
7				8t(160kPa)
8				10t(200kPa)
9	浸水阶段	1	一次 30mm(累计 30mm)	10t(200kPa)
10		2	一次 30mm(累计 60mm)	10t(200kPa)
11		3	一次 40mm(累计 100mm)	10t(200kPa)
12		4	24h 保持 30cm 水头高度	10t(200kPa)
13		5	保持 30cm 水头高度	10t(200kPa)
14	承载力特征值阶段		保持 30cm 水头高度	11t(220kPa)
15				12t(140kPa)
16				13t(260kPa)
17				14t(280kPa)
18				15t(300kPa)
19				16t(320kPa)
20				18t(360kPa)
21				20t(400kPa)

(5)试验结果

①分级加载阶段

加载到10t时,最终沉降量如表3-63所示,每级荷载下,荷载板s-t曲线如图3-56所示。在每级荷载作用下,稳定时的沉降量随着压力的增大而变大,200kPa时载荷板处最终沉降为3.51mm。

表3-63 10t(200kPa)稳定时沉降量

位置	0m(载荷板)	1m	2m	3m	4m
沉降量(mm)	3.51	0.16	0.07	0.26	0.06

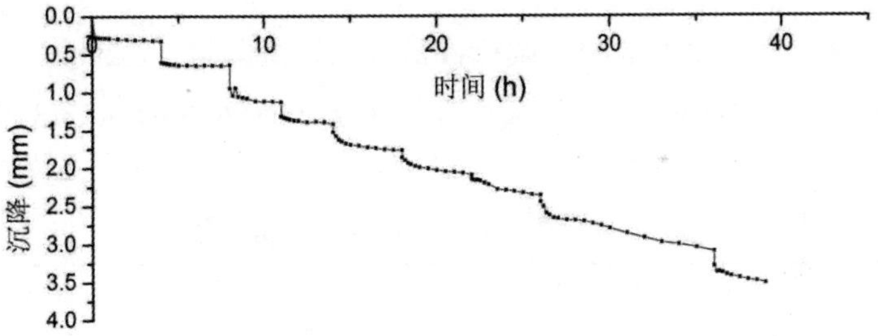

图3-56 载荷板分级加载s-t曲线

②浸水试验阶段

浸水阶段分为五种工况:a. 注水30mm(累计30mm);b. 注水30mm(累计60mm);c. 注水40mm(累计100mm);d. 持续24h浸水300mm;e. 长期浸水。

从图3-57可以看出, 浸水初期溶陷发展较快,30mm浸水的最初5小时内,溶陷达4.42mm,后期溶陷发展变化趋势减缓,且大致稳定，这主要是由于浅层土体应力较大，且在浸水初期，水渗入土体速率发展较快，因此表现为浸水初期溶陷迅速发展，后期工况溶陷随着水入渗速率减缓发展趋势也随之减缓，直至24h浸水工况后期，溶陷量已基本发展完毕，长期浸水仅增加了0.05mm的溶陷量。

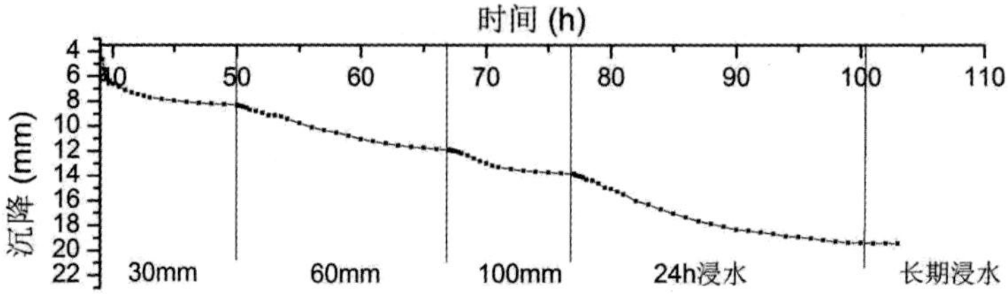

图3–57　载荷板浸水阶段s–t曲线

第一次浸水30mm时，载荷板最终累计沉降量达8.29mm，溶陷量为4.78mm，且90%的溶陷发生在浸水初期的5小时内，如表3–64。

表3–64　浸水30mm稳定时沉降溶陷量

位置	0m（载荷板）	1m	2m	3m	4m
沉降量（mm）	8.29	0.45	0.34	0.43	–0.27
累计溶陷（mm）	4.78	0.29	0.27	0.17	–0.33

第二次注水30mm，即累计浸水60mm时，载荷板最终累计沉降量达11.91mm，累计溶陷量为8.40mm，说明再次浸水时土体在附加应力作用下继续发生溶陷，与上一个工况相比，溶陷量与浸水量基本呈现倍数增长关系；此时各层沉降板沉降基本随深度依次递减，由于1m处应力较大，受到的挤压作用比较明显，此时1m处沉降略小于2m，如表3–65。

表3-65 浸水60mm稳定时沉降溶陷量

位置	0m(载荷板)	1m	2m	3m	4m
沉降量(mm)	11.91	0.67	0.68	0.68	-0.25
累计溶陷量(mm)	8.40	0.51	0.61	0.42	-0.31

注水40mm，即累计水100mm时，载荷板最终沉降量13.82mm，累计溶陷量为10.32mm，说明在继续注水的情况下，溶陷会持续发生，但此时溶陷速率已开始减缓，并不随着注水量几何递增；随荷载板沉降继续增大，1m处受到的挤胀作用更加明显，值得注意的是，3m处沉降板在这个阶段变化较大，由于3m处安装沉降板时发生轻微塌孔，可推知在100mm工况下，水分已大量浸润至3m深度，如表3-66。

表3-66 浸水100mm稳定时沉降溶陷量

位置	0m(载荷板)	1m	2m	3m	4m
沉降量(mm)	13.83	0.92	1.11	1.08	0.31
累计溶陷量(mm)	10.32	0.76	1.04	0.82	0.25

持续24h浸水30cm时，沉降量继续增大，沉降量为19.41mm，累计溶陷量为15.90mm，由表3-67可知，1m、2m、4m沉降板沉降依次递减，但都在3mm左右。

表3-67 浸水24h稳定时沉降溶陷量

位置	0m(载荷板)	1m	2m	3m	4m
沉降量(mm)	19.41	3.32	3.18	4.14	3.04
累计溶陷量(mm)	15.90	3.16	3.11	3.88	2.98

长期浸水时，沉降量继续增大，沉降量为19.46mm，累计溶陷量为15.95mm，由表3-68可知，长期浸水时，1m、2m、3m、4m沉降板溶陷量继续增大，但除发生轻微塌孔的3m之外，其他3个地层沉降基本保持一致，这可能是4m以下某地层浸水受力发生溶陷。

表3-68 长期浸水稳定时沉降溶陷量

位置	0m（载荷板）	1m	2m	3m	4m
沉降量（mm）	19.46	3.32	3.22	4.17	3.08
累计溶陷量（mm）	15.95	3.16	3.15	3.91	3.02

土体浸水后的变形由附加应力作用下的挤胀效应与溶陷效应共同作用，当挤胀效应大于溶陷效应时呈上升状态，当挤胀效应小于溶陷效应时呈下沉状态。

对于坑底，从图3-58可看出，在分级加载阶段，坑底沉降为0.16mm，在浸水阶段，说明溶陷效应略大于挤胀效应，但挤胀效应本身量值不大，因此可认为该地层在无附加荷载作用时基本没有溶陷量，即溶陷量接近于0mm。则无附加荷载作用时，试验点土层不具有溶陷性。

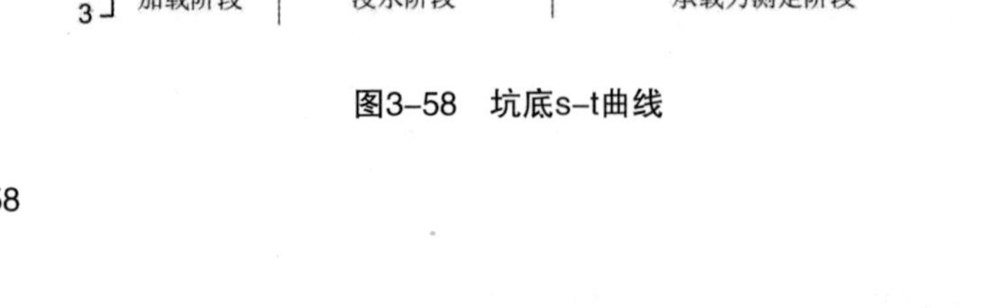

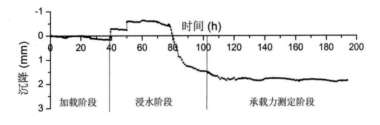

图3-58 坑底s-t曲线

(6)溶陷系数计算

由于该试点盐渍土不具有自重溶陷性，根据长期浸水稳定的溶陷量可绘制溶陷量-深度曲线如图3-59所示，拟合法确定4.5m为溶陷深度，累计溶陷量为15.95mm，溶陷系数为3.5×10^{-3}。等效法确定溶陷深度为1.5m可计算出等效的溶陷系数为0.01，较拟合溶陷系数提高了3倍，依《盐渍土地区建筑技术规范》(GB/T50942—2014)确定该试验点土层不具有溶陷性(见表3-69)。

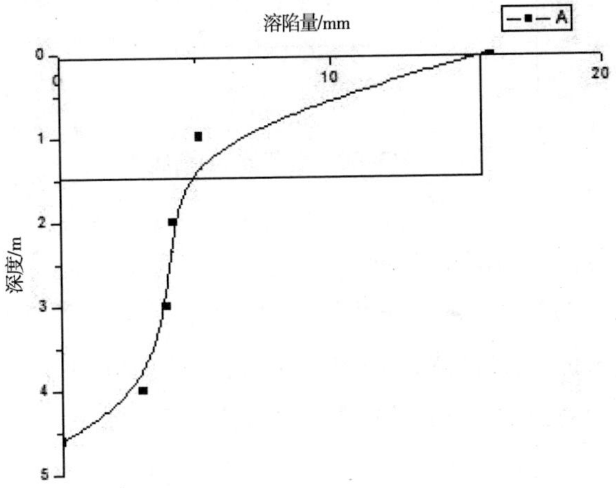

图3-59　溶陷量-深度变化曲线

表3-69　两种方法确定溶陷深度及系数

拟合法确定溶陷深度(m)	4.5	拟合法计算溶陷系数	3.5×10^{-3}
等效法确定溶陷深度(m)	1.5	等效法计算溶陷系数	0.01

(7)变形模量及承载力特征值

计算得到天然状态下，试验点土层的变形模量为25.59MPa，浸水状态下，变形模量为2.89MPa，见图3-60。

在浸水状况下加载到280kPa时，24h内沉降速率没有达到稳定标准，依《盐渍土地区建筑技术规范》(GB/T 50942—2014)试验点在浸水状态下极限承载力为280kPa，承载力特征值fak取极限承载力一半，fak=140kPa，见图3-60。

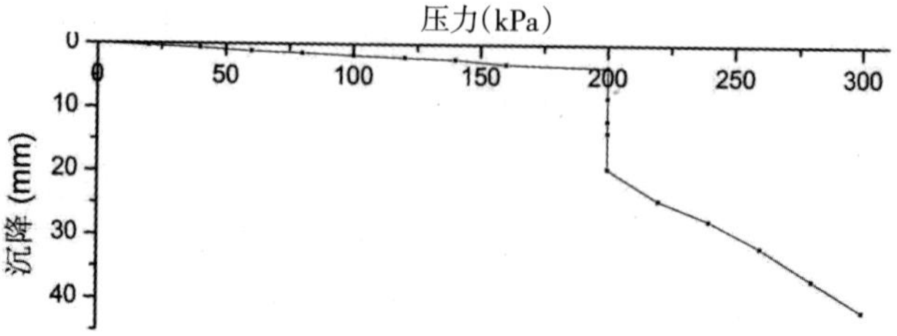

图3-60 载荷板p-s曲线

(8)降雨-溶陷量关系

图3-77为各个工况下累计溶陷量与浸水量的关系曲线图（累计注水3cm，累计注水6cm，累计注水10cm，持续24h浸水30cm)，其中持续24h浸水30cm工况根据用水量换算后注水88cm，即累计注水98cm。

试验点地层为黏土质砂类细粒盐渍土，模拟降雨30mm时，溶陷量为4.78mm，模拟降雨60mm时，溶陷量为8.40mm，模拟降雨100mm时，溶陷量为10.32mm，模拟当地单次极端降雨时长24h时，溶陷量为15.9mm。从图3-61可知，随着累计注水量的增加，溶陷量呈变大趋势，累计注水3cm、6cm情况下的溶陷变化率基本一致，累计注水10cm与持续24h浸水30cm情况下的溶陷变化速率开始减缓，说明累计注水10cm以后，浸水量对溶陷量影响减弱，这是由于试验点地层为非自重溶陷性盐渍土，浅层土遇水产生溶陷后(累计注水

3cm，累计注水6cm），地层越深，附加应力越小，以致发生的溶陷量越小，表现为溶陷增量较小。

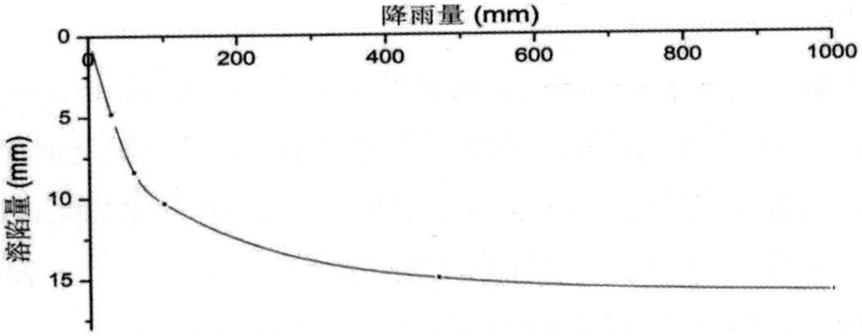

图3-61　降雨-溶陷关系图

（9）浸润范围

在浸水荷载试验完成后，根据现场挖槽测定含水率等方法，以确定该试验点在浸水状态时的浸润范围，首先，在距离试验点25m的位置开挖天然地层，使用水分探头传感器测试土层的天然含水率作为参考标准，然后，在试验点处沿半径方向开挖试槽，直到能看到浸润范围的大致边缘为止，随后根据天然含水率，通过测试不同位置处的含水率线性内插后确定该试验点的浸润范围。

由图3-62可知，由于该试点土质为黏土质砂，孔隙率较大，水的横向浸润范围较大，直至20m距离方天然含水率吻合；随深度增加，横向影响宽度逐渐减小，3.5m深度的横向影响距离为17m。

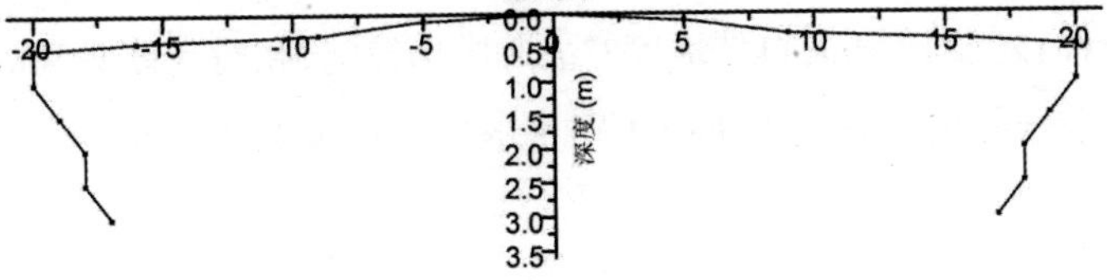

图3-62　浸润范围图

(10)小结

①天然状态时在200kPa的荷载作用下,坑底沉降量为3.51mm,变形模量为25.59MPa。

②第一次注水30mm时,载荷板处沉降量为8.29mm,溶陷量为4.78mm。第二次注水30mm,即累计注水60mm时,载荷板沉降量为11.91mm,累计溶陷量为8.40mm;注水40mm,即累计注水100mm时,荷载板沉降量13.83mm,累计溶陷量为110.32mm;持续24h浸水30cm时,荷载板沉降量为19.41mm,累计溶陷量为15.9mm;30cm常水头长期浸水时,荷载板沉降量为19.46mm,累计溶陷量为15.95mm。

③拟合法确定溶陷深度为4.5m,溶陷量为15.95mm,溶陷系数为3.5×10^{-3}等效法确定溶陷深度为1.5m计算得出等效溶陷系数为0.01。依《盐渍土地区建筑技术规范》(GB/T 50942—2014)确定试验点土层不具有溶陷性。

④坑底在无附加荷载作用时无溶陷,为非自重溶陷性盐渍土。

⑤在浸水状态下该试验段地基极限承载力为280kPa,承载力特征值fak=140kPa,变形模量为2.89MPa。

3.7.9 GK31+000试验点位分析

(1)试验点场地概况

试验点(GK31+000)处为山前洪积平原地貌,地形起伏较小,地面高程1228~1334m,自然坡度3°~6°,局部较陡,相对高差3~10m,段内覆盖层较薄。该处已进行了路基填方的初步处理。

(2)地层物理参数(见表3-70)

表3-70 沉降板范围内土层颗粒分析

取土深度(m)	76.2~4.75mm(%)	4.75~0.075mm(%)	<0.075mm(%)	液限wl	塑限wp	塑限指数Ip
0.0~0.5	36	33	31	22	12	10
0.5~1.0	48	27	25	26	14	11
1.0~1.5						
1.5~2.0						
2.0~2.5						
2.5~3.0						
3.0~3.5						
3.5~4.0						

(3)沉降板设置

图3-63为测试试验点地层的溶陷深度,在试坑内埋设4个沉降板,4个分层观测点(5#、6#、7#、8#)布置在距试坑中心0.43m的不同深度土层,离试坑底分别为1m、2m、3m、4m。

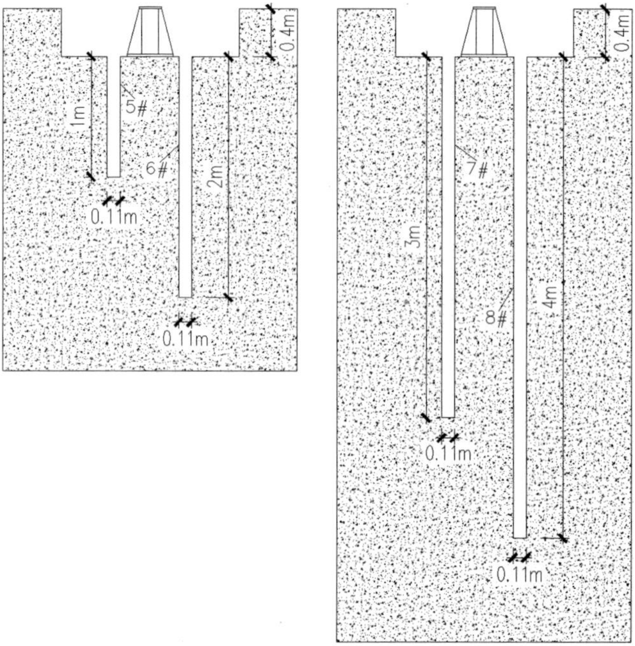

图3-63　沉降板布置图

（4）工况及原理

根据《盐渍土地区建筑技术规范》（GB/T 50942—2014），当地气象条件和设计方地质专业建议，设定各工况，并设定浸水压力为200kPa（即千斤顶反力10t）。加载阶段分为8级进行；浸水阶段分5种工况（见表3-71）：①模拟月最大平均降雨量的浸水30mm工况；②模拟年最大单次降雨量的浸水60mm工况；③模拟年均降雨量的浸水100mm工况；④模拟当地极端单次降雨时长的24h保持30cm常水头浸水工况；⑤测定试验点溶陷系数的保持30cm常水头长期浸水工况。承载力特征值阶段分8级荷载进行加载，以更准确地确定地基承载力。

表3–71 试验工况划分表

试验步骤	试验阶段	工况编号	浸水高度	荷载等级
1	加载阶段		不浸水	1t(20kPa)
2				2t(40kPa)
3				3t(60kPa)
4				4t(80kPa)
5				5t(100kPa)
6				6t(120kPa)
7				8t(160kPa)
8				10t(200kPa)
9	浸水阶段	1	一次 30mm(累计 30mm)	10t(200kPa)
10		2	一次 30mm(累计 60mm)	10t(200kPa)
11		3	一次 40mm(累计 100mm)	10t(200kPa)
12		4	24h 保持 30cm 水头高度	10t(200kPa)
13		5	保持 30cm 水头高度	10t(200kPa)
14	承载力特征值阶段		保持 30cm 水头高度	11t(220kPa)
15				12t(140kPa)
16				13t(260kPa)
17				14t(280kPa)
18				15t(300kPa)
19				16t(320kPa)
20				18t(360kPa)
21				20t(400kPa)

(5)试验结果

①分级加载阶段

加载到10t时,最终沉降量如表3-71所示,每级荷载下,荷载板s-t曲线如图3-64所示。从图看出,在每级荷载作用下,稳定时的沉降量随着压力的增大而变大,200kPa时载荷板处最终沉降为3.81mm(见表3-72)。

表3-72　10t(200kPa)稳定时沉降量

位置	0m(载荷板)	1m	2m	3m	4m
沉降量(mm)	3.81	0.23	0.19	0.02	0.01

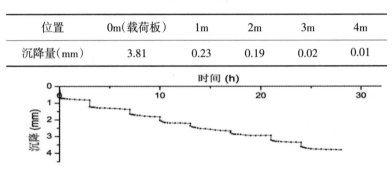

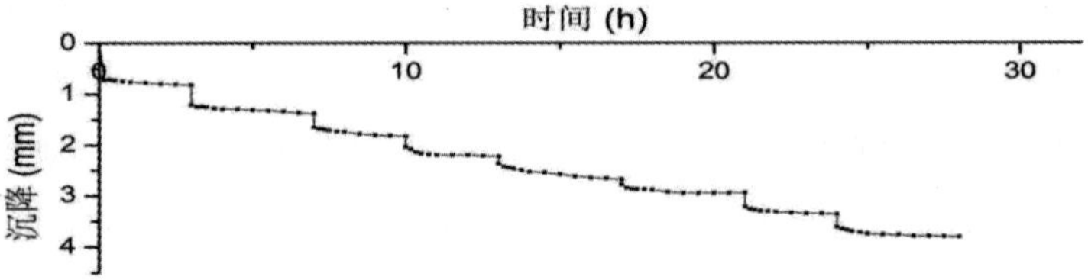

图3-64　载荷板分级加载s-t曲线

②浸水试验阶段

浸水阶段分为五种工况:a. 注水30mm(累计30mm);b. 注水30mm(累计60mm);c. 注水40mm (累计100mm);d. 持续24h浸水30cm;e. 长期浸水。

从图3-65可以看出,在浸水开始的1h内,溶陷迅速发展,达到3.71mm,而30mm工况总溶陷量仅为3.86mm,整个浸水阶段77%的溶陷量发生在浸水开始的1h内;30mm、60mm降雨量工况都在短时间内迅速稳定,60mm降雨量相比30mm降雨量工况仅多出0.08mm的溶陷量,随后的几种降雨量工况溶陷量增长也继续着这一趋势。

这主要是由于试验点为填方高度大于4m的路基填料，起骨架作用的主要是路基填料中粗骨料，溶陷在浅层土浸水发生溶陷后迅速完成。

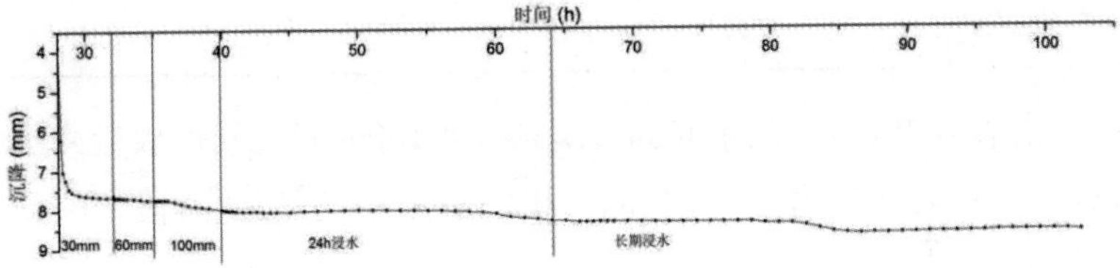

图3-65　载荷板浸水阶段s-t曲线

由表3-73可知，第一次浸水30mm时，载荷板最终累计沉降量达7.67mm，溶陷量为3.86mm；应力影响较大区域的沉降板均有不同程度挤胀抬升，4m处沉降板未发生溶陷，说明30mm浸水时水未浸润至4m深度。

表3-73　浸水30mm稳定时沉降溶陷量

位置	0m（载荷板）	1m	2m	3m	4m
沉降量（mm）	7.67	0.63	0.1	−0.23	0.01
累计溶陷量（mm）	3.86	0.40	−0.09	−0.25	0.00

由表3-74可知，第二次注水30mm，即累计浸水60mm时，载荷板最终累计沉降量达7.75mm，累计溶陷量为3.94mm，与上一个工况相比，溶陷量仅增长0.08mm，2m及以下深度沉降板基本未发生移动，这主要是由于试验点填料含土较少，使得少量水即使得溶陷基本完成。

表3–74　浸水60mm稳定时沉降溶陷量

位置	0m（载荷板）	1m	2m	3m	4m
沉降量（mm）	7.75	0.70	0.14	–0.29	0.07
累计溶陷量（mm）	3.94	0.47	–0.05	–0.31	0.06

由表3–75可知，注水40mm，即累计水100mm时，载荷板最终沉降量8mm，累计溶陷量为4.19mm，相较于上一工况，此阶段溶陷量增加0.25mm。

表3–75　浸水100mm稳定时沉降溶陷量

位置	0m（载荷板）	1m	2m	3m	4m
沉降量（mm）	8.00	0.95	0.43	–0.29	0.12
累计溶陷量（mm）	4.19	0.72	0.24	–0.31	0.11

持续24h浸水30cm时，沉降量继续增大，沉降量为8.33mm，累计溶陷量为4.52mm，由表3–76可知，继续浸水溶陷还会继续增加，但量值增加已经很小。

表3–76　浸水24小时稳定时沉降溶陷量

位置	0m（载荷板）	1m	2m	3m	4m
沉降量（mm）	8.33	1.17	0.56	–0.12	0.28
累计溶陷量（mm）	4.52	0.94	0.37	–0.14	0.27

长期浸水时，沉降量继续增大，沉降量为8.64mm，累计溶陷量为4.83mm，由表3–77可知，长期浸水时，溶陷在微量增加后达到稳定。

表3-77 长期浸水稳定时沉降溶陷量

位置	0m(载荷板)	1m	2m	3m	4m
沉降量(mm)	8.64	1.38	0.80	0.28	0.53
累计溶陷量(mm)	4.83	1.15	0.61	0.26	0.52

土体浸水后的变形由附加应力作用下的挤胀效应与溶陷效应共同作用,当挤胀效应大于溶陷效应时呈上升状态,当挤胀效应小于溶陷效应时呈下沉状态。

对于坑底,从图3-66可看出,在整个试验阶段,地表沉降板观测数据在(-0.5,0.2)的区间波动,因此可认为该地层在无附加荷载作用时基本没有溶陷量,即溶陷量接近于0mm,则无附加荷载作用时,试验点土层不具有溶陷性。

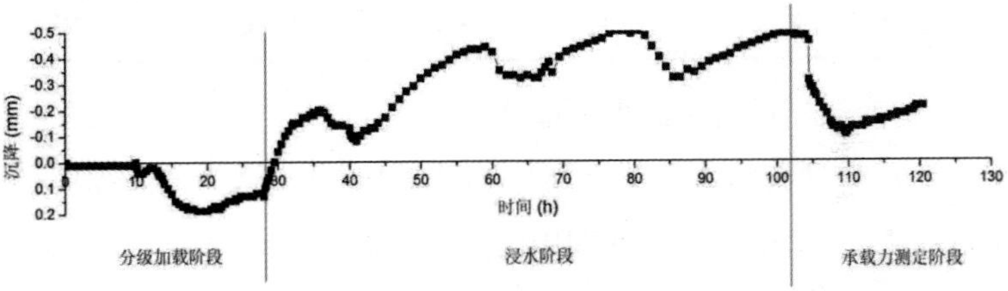

图3-66 坑底s-t曲线

(6)溶陷系数计算

由按照浸水阶段的分层观测标的总溶陷量,拟合得溶陷量随深度的趋势线如3-67图所示,拟合法确定4.6m为溶陷深度,累计溶陷量为4.83mm,溶陷系数为1.05×10^{-3}。等效法确定溶陷深度为1.3m可计算出等效溶陷系数为3.7×10^{-3}较拟合溶陷系数提高了3.5倍(见表3-78)。依《盐渍土地区建筑技术规范》(GB/T 50942—2014)确定该试验点土层不具有溶陷性，且76%的溶陷量发生在1m的深度范围内。

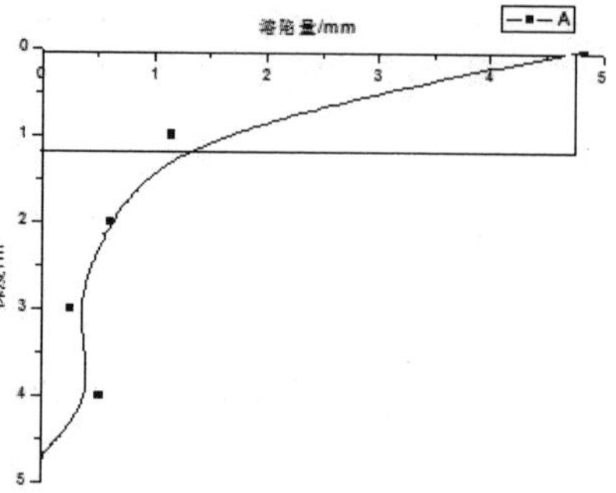

图3-67　溶陷量-深度变化曲线

表3-78　两种方法确定溶陷深度及系数

拟合法确定溶陷深度(m)	4.6	拟合法计算溶陷系数	1.05×10^{-3}
等效法确定溶陷深度(m)	1.3	等效法计算溶陷系数	3.7×10^{-3}

(7)变形模量及承载力特征值

计算得到天然状态下，试验点土层的变形模量为23.56MPa，浸水状态下，变形模量为43.57MPa(见图3-68)。

在浸水状况下加载到400kPa时，24h内达到稳定标准，依《盐渍土地区建筑技术规范》(GB/T 50942—2014)试验点在浸水状态下极限承载力大于400kPa，承载力特征值fak取极限承载力一半，fak>200kPa。

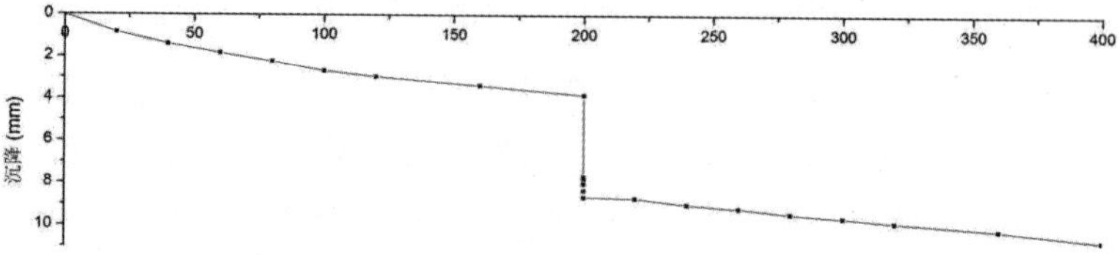

图3-68　载荷板p-s曲线

(8)降雨-溶陷量关系

图3-69为各个工况下累计溶陷量与浸水量的关系曲线图（累计注水30mm，累计注水60mm，累计注水100mm，持续24h浸水300mm)。

试验点地层为黏土质砂类细粒盐渍土，模拟降雨30mm时,溶陷量为3.86mm，模拟降雨60mm时，溶陷量为3.94mm，模拟降雨100mm时,溶陷量为4.19mm,模拟当地单次极端降雨时长24h时,溶陷量为4.52mm,长期浸水稳定,溶陷量为4.84mm。从图2-69可知，随着累计注水量的增加,溶陷量不断增大,但相对于30mm降雨量,后期溶陷量增长很小，这主要是因为试验点所在的路基填方主要由粗骨料起骨架作用,当表层土浸水完毕后沉降已基本完成,后期填料中粗骨料提供骨架,填料中盐溶化对路基影响不大。

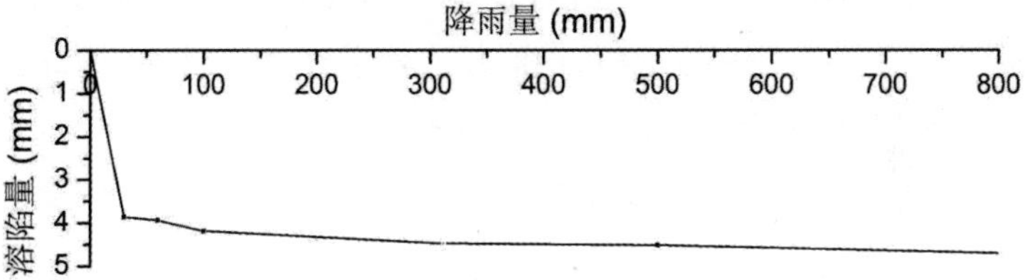

图3-69　降雨-溶陷关系图

(9)小结

①天然状态时在200kPa的荷载作用下,坑底沉降量为3.81mm,变形模量为23.56MPa。

②第一次注水30mm时,载荷板处沉降量为7.67mm,溶陷量为3.86mm;第二次注水30mm,即累计注水60mm时,载荷板沉降量为7.75mm,累计溶陷量为3.94mm;注水40mm,即累计注水100mm时,

荷载板沉降量8mm，累计溶陷量为4.19mm；持续24h浸水30cm时，荷载板沉降量为8.33mm，累计溶陷量为4.52mm；30cm常水头长期浸水时，荷载板沉降量为8.64mm，累计溶陷量为4.83mm。

③拟合法确定溶陷深度为4.2m，溶陷量为4.83mm，溶陷系数为1.05×10^{-3}。根据等效法确定溶陷深度为1.3m计算得出等效溶陷系数为3.7×10^{-3}。依《盐渍土地区建筑技术规范》（GB/T 50942—2014）确定试验点土层不具有溶陷性，且76%的溶陷量发生在1m的深度范围内。

④坑底在无附加荷载作用时无溶陷，为非自重溶陷性盐渍土。

⑤在浸水状态下该试验段地基极限承载力大于400kPa，承载力特征值fak>200kPa，变形模量为43.57MPa。

3.7.10　GK46+000试验点位分析

（1）试验点场地概况

试验点（GK46+000）处地形较平坦，距已施工路基约15m，附加地形为山前洪积扇平原地貌，地形起伏较小，自然坡度1°~3°，段内覆盖层较厚，旁内有施工便道相通，交通方便。

（2）地层物理参数（见表3–79）

表3–79　沉降板范围内土层颗粒分析

取土深度（m）	76.2~4.75mm（%）	4.75~0.075mm（%）	<0.075mm（%）	液限wl	塑限wp	塑限指数Ip
0.0~0.5	13	51	36	26	16	10

（3）沉降板设置

图3–70为测试试验点地层的溶陷深度，在试坑内埋设4个沉降板，4个分层观测点（5#、6#、7#、8#）布置在距试坑中心0.43m的不同深度土层，离试坑底分别为1m、2m、3m、4m。

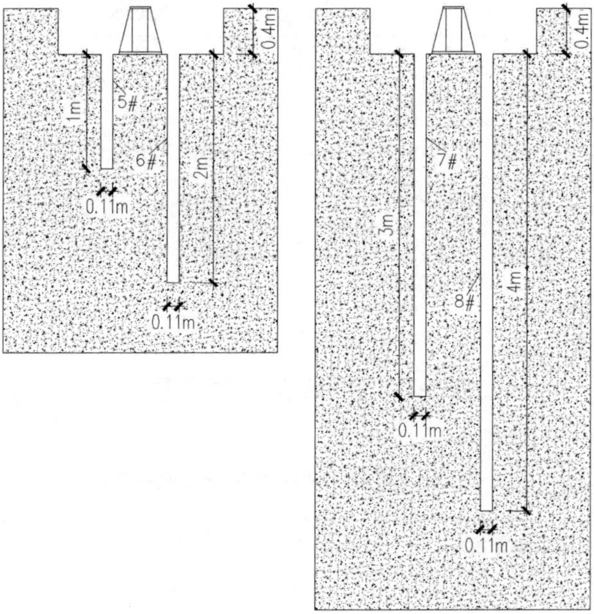

图3-70 沉降板布置图

(4)溶陷系数计算

按照浸水阶段的分层观测标的总溶陷量，得到溶陷量随深度的趋势线，如图3-71，拟合法确定溶陷深度为3.5m。累计溶陷量为77.84mm，溶陷系数为0.022。等效法确定溶陷深度为0.9m，可计算出等效溶陷系数为0.086。依《盐渍土地区建筑技术规范》(GB/T 50942—2014)由两种方法确定该试验点土层分别为轻微溶陷及强溶陷。

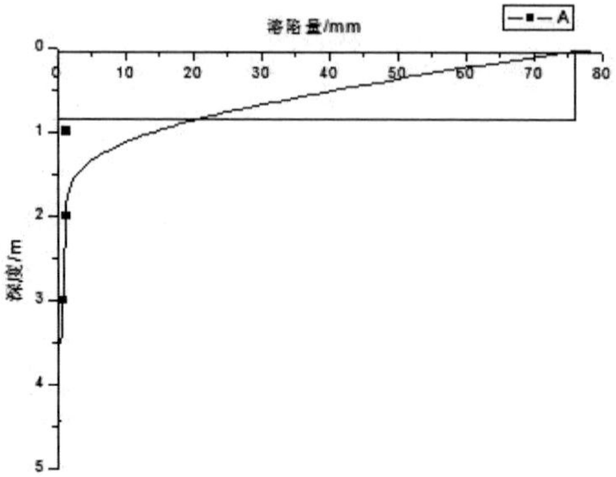

图3-71　溶陷量-深度变化曲线

表 3-86　两种方法确定溶陷深度及系数

拟合法确定溶陷深度(m)	3.5	拟合法计算溶陷系数	0.022
等效法确定溶陷深度(m)	0.9	等效法计算溶陷系数	0.086

(5)变形模量及承载力特征值

计算得到天然状态下,试验点土层的变形模量为13.08MPa,浸水状态下,变形模量为0.4MPa,如图3-72。

在浸水状况下加载到220kPa时,24h内沉降速率没有达到稳定标准,依《盐渍土地区建筑技术规范》(GB/T 50942—2014)试验点在浸水状态下极限承载力为220kPa, 承载力特征值fak取极限承载力一半,fak=110kPa。

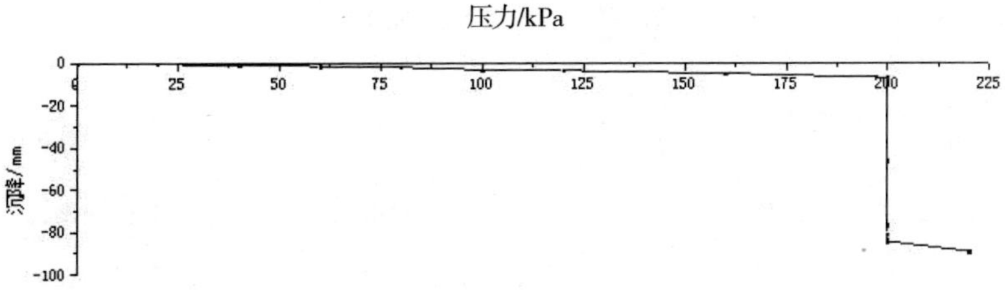

图3-72 载荷板p-s曲线

(6)工况及原理

根据《盐渍土地区建筑技术规范》(GB/T 50942—2014),当地气象条件和设计方地质专业建议,设定各工况,并设定浸水压力为200kPa(即千斤顶反力10t)。加载阶段分为8级进行;浸水阶段分5种工况(见表3-80):a.模拟月最大平均降雨量的浸水30mm工况;b.模拟年最大单次降雨量的浸水60mm工况;c. 模拟年均降雨量的浸水100mm工况;d. 模拟当地极端单次降雨时长的24h保持30cm常水头浸水工况;e. 测定试验点溶陷系数的保持30cm常水头长期浸水工况。承载力特征值阶段分8级荷载进行加载,以更准确地确定地基承载力。

表3-80　试验工况划分表

试验步骤	试验阶段	工况编号	浸水高度	荷载等级
1	加载阶段		不浸水	1t(20kPa)
2				2t(40kPa)
3				3t(60kPa)
4				4t(80kPa)
5				5t(100kPa)
6				6t(120kPa)
7				8t(160kPa)
8				10t(200kPa)
9	浸水阶段	1	一次 30mm(累计 30mm)	10t(200kPa)
10		2	一次 30mm(累计 60mm)	10t(200kPa)
11		3	一次 40mm(累计 100mm)	10t(200kPa)
12		4	24h 保持 30cm 水头高度	10t(200kPa)
13		5	保持 30cm 水头高度	10t(200kPa)
14	承载力特征值阶段		保持 30cm 水头高度	11t(220kPa)
15				12t(140kPa)
16				13t(260kPa)
17				14t(280kPa)
18				15t(300kPa)
19				16t(320kPa)
20				18t(360kPa)
21				20t(400kPa)

(7)试验结果

①分级加载阶段

加载到10t时,最终沉降量如表3-81所示,每级荷载下,荷载板s-t曲线如图3-73所示。从图3-90看出,在每级荷载作用下,稳定时的沉降量随着压力的增大而变大,200kPa时载荷板处最终沉降为6.82mm。

表3-81 10t(200kPa)稳定时沉降量

位置	0m(载荷板)	1m	2m	3m	4m
沉降量(mm)	6.82	0.43	-0.35	0.48	-0.29

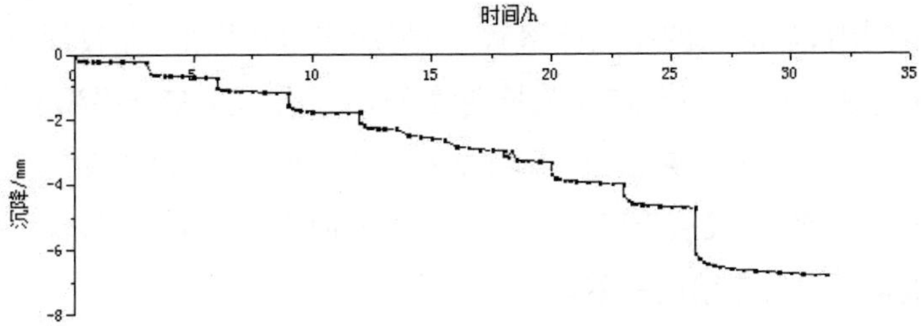

图3-73 载荷板分级加载s-t曲线

②浸水试验阶段

浸水阶段分为五种工况:a. 注水30mm(累计30mm);b. 注水30mm(累计60mm);c. 注水40mm(累计100mm);d. 持续24h浸水30cm;e.长期浸水。

从图3-74可以看出,首次注水30mm时,载荷板处土层在刚浸水后短时间内快速发生沉降突变,随后沉降缓慢连续增加,最终沉降为46.06mm。随后累计注水60mm时,载荷板处土层继续发生沉降突变，稳定时沉降为76.70mm。接着在累计注水100mm的情况下，载荷板处土层继续发生沉降突变，但相比前两种工况，突变幅度较小，稳定沉降为81.04mm。在24h及长期浸水状态下，s–t曲线一直处于连续变化状态，溶陷随时间缓慢发生，累计沉降量为84.66mm。

在每个浸水工况下，曲线基本呈前期短时间内快速沉降，后期沉降缓慢变化的关系，且首次浸水时沉降变化幅度较大，随后每次浸水沉降幅度都依次递减，最终在24h及长期浸水工况下，呈平稳变化趋势。这是由于试验点为砂土类盐渍土，土质颗粒均匀，首次注水后，水的入渗深度有限，在渗透深度范围内，盐渍土的盐晶体溶解，在附加应力作用下，土体结构产生失稳，发生溶陷。随后再次注水30mm、40mm情况下，随着水量增加，入渗深度变大，在渗透深度范围内，盐渍土的盐晶体溶解，在附加应力作用下，在较深土层继续发生溶陷。在浸水24h及长期浸水情况下，沉降趋于平稳变化，说明虽然浸水时间延长，但溶陷并未有所增加，这是由于随时入渗深度继续变大，浅层土已随着盐晶体溶解而充分溶陷，但较深处土层基本不再发生溶陷所致。

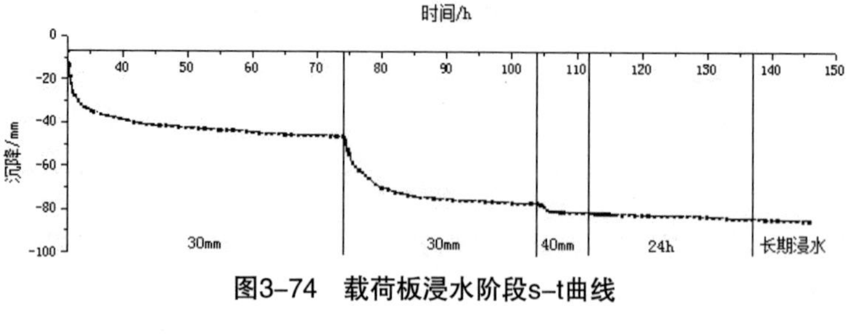

图3–74　载荷板浸水阶段s–t曲线

第一次浸水30mm时，载荷板最终累计沉降量达46.06mm，溶陷量为39.24mm，首次浸水后溶陷量较大（见表3–82）。

表3-82 浸水30mm稳定时沉降溶陷量

位置	0m（载荷板）	1m	2m	3m	4m
沉降量（mm）	46.06	0.89	0.13	0.43	−0.27
累计溶陷量（mm）	39.24	0.46	0.48	−0.05	0.02

由表3-83可知，第二次注水30mm，即累计浸水60mm时，载荷板最终累计沉降量达76.7mm，累计溶陷量为69.88mm，说明再次浸水时土体在附加应力作用下继续发生溶陷。

表3-83 浸水60mm稳定时沉降溶陷量

位置	0m（载荷板）	1m	2m	3m	4m
沉降量（mm）	76.70	0.67	0.15	0.49	−0.24
累计溶陷量（mm）	69.88	0.24	0.50	0.01	0.05

由表3-84可知，注水40mm，即累计水100mm时，载荷板最终沉降量81.04mm，累计溶陷量为74.22mm，说明在继续注水的情况下，溶陷会持续发生。

表3-84 浸水100mm稳定时沉降溶陷量

位置	0m（载荷板）	1m	2m	3m	4m
沉降量（mm）	81.04	1	0.17	0.42	−0.24
累计溶陷量（mm）	74.22	0.57	0.52	−0.06	0.05

由表3-85可知，持续24h浸水30cm时，沉降量继续增大，沉降量为83.69mm，累计溶陷量为76.87mm，由表3-84可知，浸水24h时，

1m、2m、3m沉降板溶陷量继续增大，但幅度很小。

表3-85　浸水24h稳定时沉降溶陷量

位置	0m（载荷板）	1m	2m	3m	4m
沉降量（mm）	83.69	1.39	0.88	1.14	−0.2
累计溶陷量（mm）	76.87	0.96	1.23	0.66	0.09

长期浸水时，沉降量继续增大，沉降量为84.66mm，累计溶陷量为77.84mm，长期浸水时，1m、2m、3m、4m沉降板溶陷量继续增大，说明溶陷深度大于4m。

表3-85　长期浸水稳定时沉降溶陷量

位置	0m（载荷板）	1m	2m	3m	4m
沉降量（mm）	84.66	1.74	0.92	1.21	−0.11
累计溶陷量（mm）	77.84	1.31	1.27	0.73	0.18

土体浸水后的变形由附加应力作用下的挤胀效应与溶陷效应共同作用，当挤胀效应大于溶陷效应时呈上升状态，当挤胀效应小于溶陷效应时呈下沉状态。

对于坑底，从图3-75可看出，在分级加载阶段，坑底沉降为0.31mm，在浸水初始阶段，土体遇水后在挤胀作用下发生隆起，说明挤胀效应略大于溶陷效应。随着浸水量的增加，地层的发生溶陷，说明后期溶陷效应略大于挤胀效应，该地层在无附加荷载作用时溶陷量为1.33mm。表明在无附加荷载作用时，试验点土层不具有溶陷性。

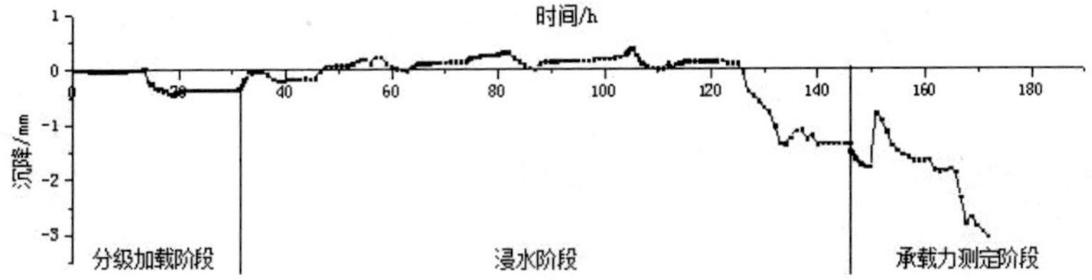

图3–75 坑底s–t曲线

(8)降雨–溶陷量关系

图3–76为各个工况下累计溶陷量与浸水量的关系曲线图（累计注水30mm，累计注水60mm，累计注水100mm，持续24h浸水300mm），其中持续24h浸水30cm工况根据用水量换算后注水157cm,即累计注水187cm。

试验点地层为砂土类盐渍土，模拟降雨30mm时，溶陷量为39.24mm,模拟降雨60mm时,溶陷量为69.88mm,模拟降雨100mm时,溶陷量为74.22mm,模拟当地单次极端降雨时长24h时,溶陷量为76.87mm。从图3–93可知,随着累计注水量的增加,溶陷量呈变大趋势,首次注水时,溶陷量变化较大,为39.24mm,因为地表浅层存在少量石膏,遇水后结晶盐溶解,其所起骨架作用失效,造成沉降短时间内突降,地层压密。随后直到注水量为100mm的过程中,随着渗透深度的加深，溶陷量一直在增大，但累计注水10cm到持续24h浸水30cm工况中,溶陷量变化减弱,说明随着注水量的增加,渗透深度接近附加应力的作用范围边缘。在浸水24h状态下,水的渗透持续发生,但溶陷量增加微弱,因为24h浸水工况下,虽然水的浸润深度较大,但附加应力作用范围内已充分溶陷,且较深地层密实度高,粗颗粒起的骨架作用强烈,溶陷量增加缓慢,呈收敛趋势。

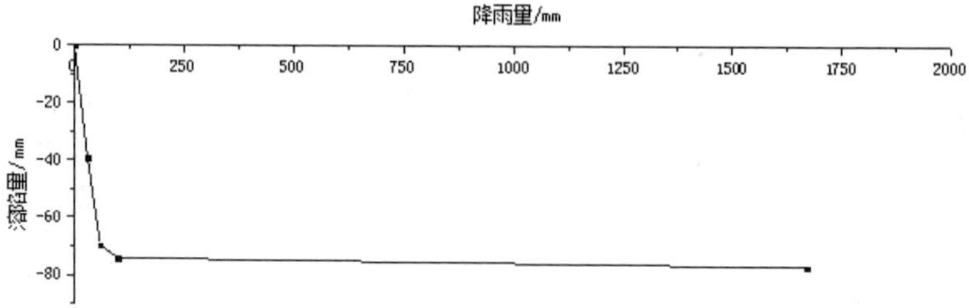

图3-76　降雨-溶陷关系图

(9)浸润范围

在浸水荷载试验完成后,根据现场挖槽测定含水率等方法,以确定该试验点在浸水状态时的浸润范围,首先,在距离试验点20m的位置开挖天然地层，使用水分探头传感器测试土层的天然含水率作为参考标准,然后,在试验点处沿半径方向开挖试槽,直到能看到浸润范围的大致边缘为止,随后根据天然含水率,通过测试不同位置处的含水率线性内插后确定该试验点的浸润范围。

依据现场情况,测得宽度方向的浸润范围如下图3-77所示,距离试坑越近,浸润界限距离地面越浅,距离试坑越远,浸润界限距离地面越深,说明水渗透过程中有向下渗透的趋势,且当渗透到宽度方向8.5m，深度1.6m处发生突变，可确定该试验点浸润宽度为8.5m。

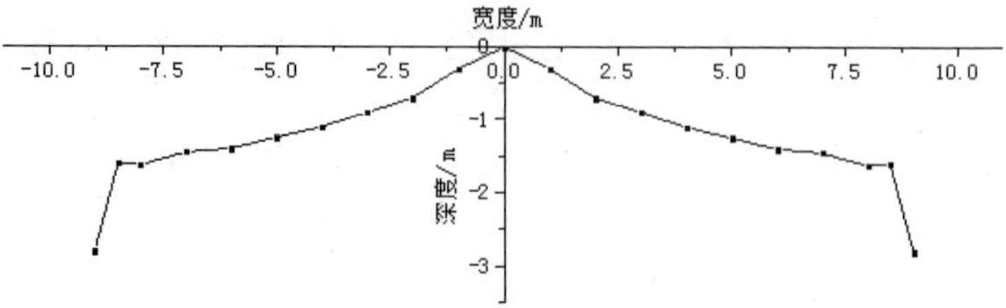

图3-77　浸润范围图

(10)小结

①天然状态时在200kPa的荷载作用下,坑底沉降量为6.82mm,变形模量为13.08MPa。

②第一次注水30mm时,载荷板处沉降量为46.06mm,溶陷量为39.24mm。第二次注水30mm,即累计注水60mm时,载荷板沉降量为76.7mm,累计溶陷量为69.88mm。注水40mm,即累计注水100mm时,荷载板沉降量81.04mm,累计溶陷量为74.22mm。持续24h浸水30cm时,荷载板沉降量为83.69mm,累计溶陷量为76.87mm。

③拟合法溶陷深度为3.5m,溶陷量为77.84mm,溶陷系数为0.022。等效法确定溶陷深度为0.9m计算得出等效溶陷系数为0.086。依《盐渍土地区建筑技术规范》(GB/T 50942—2014)由两种方法确定试验点土层分别为轻微溶陷、强溶陷性。该地层存在石膏层,98%的溶陷量发生在1m以内的深度范围。

④坑底在无附加荷载作用时,试验点土层具有溶陷性,为非自重溶陷性盐渍土。

⑤在浸水状态下该试验段地基极限承载力为220kPa,承载力特征值fak=110kPa,变形模量为0.4MPa。

3.8 试验结论

根据土体的颗粒级配及是否含有石膏层对试验点进行分类,其主要性质如下表3-88所示,对不同类别土层进行分析:

表3–88　试验点溶陷性质

类别	试验点位	盐渍土类型	总溶陷量（mm）	溶陷系数		溶陷性	极限承载力（kPa）	承载力特征值（kPa）
				拟合法	等效法（建议设计采用）			
粗颗粒盐渍土	DK76+987	卵砾石粗粒盐渍土	1.24	2.64×10^{-4}	5.64×10^{-4}	否	>400	>200
	DK82+851	砂砾类盐渍土	9.35	2.13×10^{-3}	0.006	否	>400	>200
	GK4+050	砂土类粗粒盐渍土	15.95	3.5×10^{-3}	0.01	否	280	140
细颗粒盐渍土	DK98+400	砂类盐渍土	33.34	1.1×10^{-2}	0.041	弱	140	70
	DK102+000	黏性土类细粒盐渍土	49.36	1.3×10^{-2}	0.054	中	140	24
	D1K140+500	黏性土类细粒盐渍土	31.88	9.1×10^{-3}	0.024	弱	220	110
含石膏层盐渍土	DK79+200	石膏富集层及卵砾石粗粒盐渍土	123.87	4.1×10^{-2}	0.123	强	240	120
	GK46+000	含石膏砂土类盐渍土	77.84	2.2×10^{-2}	0.086	强	220	110

通过对德伊高铁德库段库姆地区开展现场浸水载荷试验，分析总结已完成的10个试验点，得出以下主要结论：

（1）地基溶陷变形主要发生在中浅层土层，在荷载板下2m处DK46+000、DK98+400、DK79+200点位的溶陷量分别可达98%、89%、95%，而由曲线拟合所得粗颗粒盐渍土地基的最大溶陷量均超过4m。因此，若采用最大溶陷深度计算盐渍土地基的溶陷系数将导致结果偏小，给工程建设带来隐患。为解决以上问题，本文采用等效法确定溶陷系数，并与拟合法确定的溶陷系数进行对比分析，建议从工程安全角度出发，采用等效法确定的溶陷系数进行设计。

（2）对地层为卵砾石粗粒盐渍土的DK76+987试验点，总溶陷量为1.24mm，根据拟合法计算出溶陷系数为2.64×10^{-4}，根据等效法计算出其等效深度为2.2m其等效融陷系数为依5.64×10^{-4}。根据《盐渍土地区建筑技术规范》（GB/T 50942—2014）确定该地层不具有溶陷性，其48%的溶陷量发生在1m以内的范围内。试验点浸水状态下地基极限承载力大于400kPa，承载力特征值fak>200kPa。天然状态下土层变形模量为93.3MPa，浸水状态为65.3MPa。

（3）对地层为石膏富集层及卵砾石粗粒盐渍土的DK79+200试验点，由于深层的卵砾石粗粒层不发生溶陷，浸水后溶陷发生在石膏富集层，属大孔隙石膏层饱水塌溃压缩产生，总溶陷量为123.87mm，拟合法计算出其溶陷系数为0.041，根据等效法计算出其溶陷系数为0.123。依《盐渍土地区建筑技术规范》（GB/T 50942—2014）由两种方法确定该点分别具有中、强溶陷性。由于存在石膏富集层，其99%的溶陷量发生在1.6m的深度范围内。试验点浸水状态下地基极限承载力为120kPa，承载力特征值fak=60kPa。天然状态下地层的变形模量为27.87MPa，浸水状态为4.81MPa。

（4）对地层为砂砾类盐渍土的DK82+851试验点，总溶陷量为9.35mm，根据拟合法计算的溶陷系数为0.0021，根据等效法计算出的溶陷系数为0.006。依《盐渍土地区建筑技术规范》（GB/T 50942—

2014)确定该点地层不具有溶陷性。试验点浸水状态下地基极限承载力大于400kPa,承载力特征值fak>200kPa。天然状态下地层的变形模量为24.05MPa,浸水状态为14.28MPa。

(5)对地层为砂类盐渍土的DK98+400试验点,在设计压力120kPa的作用下,总溶陷量为33.34mm,根据拟合法计算的溶陷系数为0.011,根据等效法计算得出的溶陷系数为0.041。依《盐渍土地区建筑技术规范》(GB/T 50942—2014)该点溶陷性为轻微,且89%的溶陷量发生在1m以内的深度范围内。试验点浸水状态下地基极限承载力为140kPa,承载力特征值fak=70kPa。天然状态下地层的变形模量为10.43MPa,浸水状态为0.78MPa。

(6)对地层为黏性土类细粒盐渍土的DK102+000试验点,在设计压力120kPa的作用下,总溶陷量为49.36mm,根据拟合法计算得出的溶陷系数为0.013,根据等效法计算得出的溶陷系数为0.054。依《盐渍土地区建筑技术规范》(GB/T 50942—2014)由两种方法确定该点溶陷性分别为轻微、中等溶陷,建议设计值采用等效法。91%的溶陷量发生在1m以内的深度范围内。试验点浸水状态下地基极限承载力为140kPa,承载力特征值fak=23.64kPa。天然状态下地层的变形模量为9.06MPa,浸水状态为0.69MPa。

(7)对地层为风化层盐渍土的DK67+350试验点,总溶陷量为24.45mm,根据拟合法计算溶陷系数为0.0052,根据等效法计算得出的溶陷系数为0.017。依《盐渍土地区建筑技术规范》(GB/T 50942—2014)由两种方法确定该点溶陷性为分别为非溶陷及轻微溶陷性。试验点浸水状态下地基极限承载力为300kPa,承载力特征值fak=150kPa。天然状态下地层的变形模量为6.02MPa,浸水状态为

0.35MPa。

（8）对地层为黏性土类细粒盐渍土的D1K140+500试验点，总溶陷量为31.88mm，根据拟合法计算溶陷系数为0.0091，根据等效法计算得出融陷系数为0.024。依《盐渍土地区建筑技术规范》（GB/T 50942—2014）由两种发放确定该点分别为非溶陷、轻微溶陷性，设计值建议采用等效法确定的溶陷系数。且70%的溶陷量发生在1m以内的深度范围内，试验点浸水状态下地基极限承载力为220kPa，承载力特征值fak=110kPa。天然状态下地层的变形模量为26.78MPa，浸水状态为0.82MPa。

（9）对地层为砂土类盐渍土的GK4+050试验点，总溶陷量为15.95mm，根据拟合法计算溶陷系数为0.0035，根据等效法计算得出溶陷系数为0.01。依《盐渍土地区建筑技术规范》（GB/T 50942—2014）该点不具有溶陷性。试验点浸水状态下地基极限承载力为280kPa，承载力特征值fak=140kPa。天然状态下地层的变形模量为25.59MPa，浸水状态为2.89MPa。

（10）对既有路基填方的GK31+000试验点，总溶陷量为4.83mm，根据拟合法计算溶陷系数为1.05×10^{-3}，根据等效法计算得出溶陷系数为3.7×10^{-3}。依《盐渍土地区建筑技术规范》（GB/T 50942—2014）确定该点不具有溶陷性，且76%的溶陷量发生在1m的深度范围内。试验点浸水状态下地基极限承载力大于400kPa，承载力特征值fak>200kPa。天然状态下地层的变形模量为23.56MPa，浸水状态为43.57MPa。

（11）对地层为砂土类盐渍土的GK46+000试验点，总溶陷量为77.84mm，根据拟合法计算溶陷系数为0.022，根据等效法计算溶陷系数为0.0086。依《盐渍土地区建筑技术规范》(GB/T 50942—2014)由两种方法确定该点的溶陷性分别为轻微溶陷及强溶陷性，建议设计采用等效法确定溶陷系数。由于存在石膏层,98%的溶陷量发生在1m以内的深度范围内。试验点浸水状态下地基极限承载力为220kPa,承载力特征值fak=110kPa。天然状态下地层的变形模量为13.08MPa,浸水状态为0.4MPa。

(12)DK79+200石膏富集层及卵砾石粗粒盐渍土地层，DK98+400试验点处的砂类盐渍土地层,DK102+000试验点处的黏性土类细粒盐渍土地层,DK67+350风化层盐渍土地层,GK46+000砂土类盐渍土地层,均为非自重溶陷性盐渍土。

3.9 综合分析

3.9.1 粗颗粒盐渍土溶陷性分析

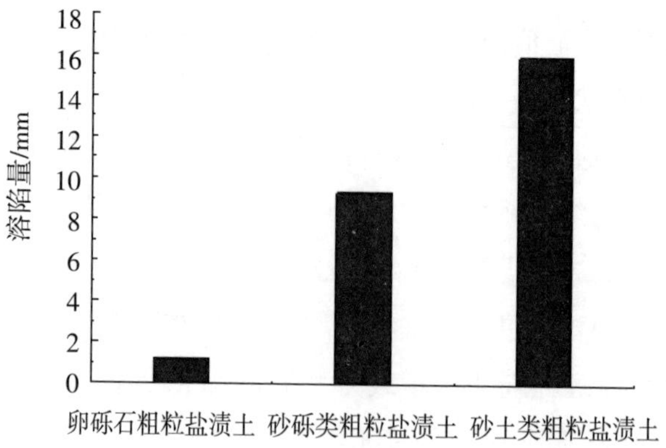

图3-78 不同类型粗粒盐渍土溶陷量

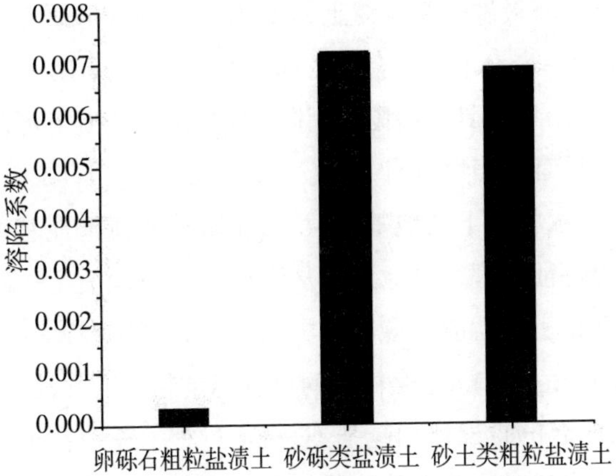

图3-79 等效法确定不同类型粗粒盐渍土溶陷系数

表3-89 不同类型粗粒盐渍土承载力值

土体类型	卵砾石粗粒盐渍土	砂砾类粗粒盐渍土	砂土类粗粒盐渍土
极限承载力(Kpa)	>400	>400	280
承载力特征值(Kpa)	>200	>200	140

根据图3-78、图3-79和表3-89对地层为粗颗粒的DK76+987(卵砾石粗粒盐渍土)、DK82+851(砂砾类盐渍土)和GK4+050(砂土类粗粒盐渍土)三个试验点进行分析可以看出:

(1)对粗颗粒盐渍土其总溶陷量与溶陷系数都很小,总溶陷量在1.24~15.95mm的范围内,根据拟合法计算得出的溶陷系数在2.64×10^{-4}~0.0035的范围内,根据等效法计算得出的溶陷系数在5.64×10^{-4}~0.006,且总溶陷量Δs呈现出ΔsGK4+050(砂土类粗粒盐渍土)>ΔsDK82+851(砂砾类盐渍土)>Δs DK76+987(卵砾石粗粒盐渍土)的变化规律。依《盐渍土地区建筑技术规范》(GB/T 50942-2014)确定该三个点不具有溶陷性,说明对粗颗粒盐渍土可能在一定颗粒级配不具有溶陷性具有共性。

(2)对于浸水状态下的地基承载力,粗颗粒盐渍土地基极限承载力和承载力特征值都很大,随着从砂土类粗粒盐渍土→砂砾类盐渍土→卵砾石粗粒盐渍土颗粒级配的不同,分别在280~400kPa和140~200kPa的范围内。这是由于对试验点的粗颗粒盐渍土,粗颗粒含量越多,所起的骨架作用越强烈,浸水过程中充填在土体孔隙中的盐晶体的溶解对地基土的溶陷作用越不明显,并且地层密实度大,以致在浸水条件下,溶陷量很小且地基极限承载力与承载力特征值很大。

3.9.2 细颗粒盐渍土溶陷性分析

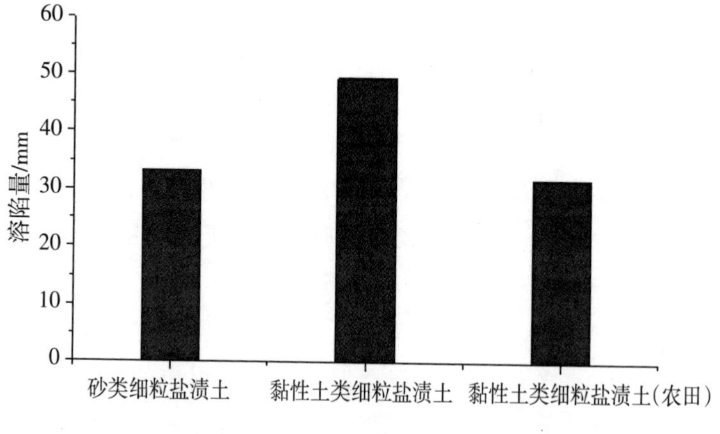

图3-80 不同类型细粒盐渍土溶陷量

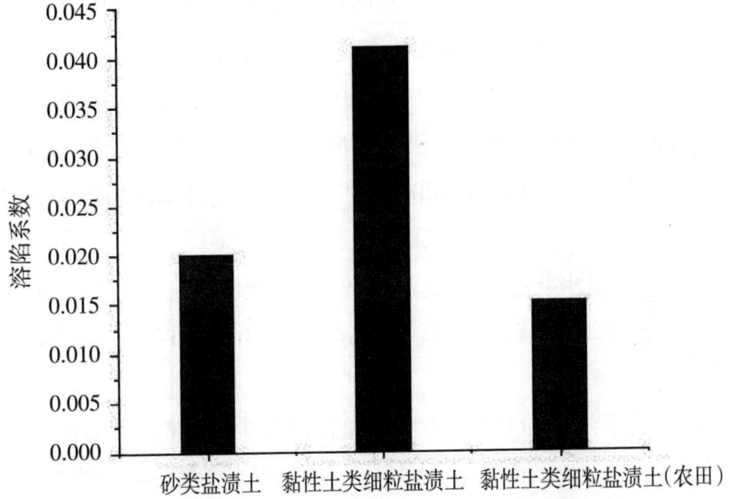

图3-81 等效法确定不同类型细粒盐渍土溶陷系数

表3-90 不同类型细粒盐渍土承载力值

	砂类盐渍土	黏性土类细粒盐渍土	黏性土类细粒盐渍土（农田）
极限承载力(kpa)	140	140	220
承载力特征值(kpa)	70	23.64	110

根据图3-80、图3-81和表3-90对地层为细颗粒的DK98+400(砂类盐渍土)、DK102+000(黏性土类细粒盐渍土)、D1K140+500(黏性土类细粒盐渍土,位于当地农田)三个试验点进行分析可以看出:

(1)与粗颗粒盐渍土相比,细颗粒盐渍土其总溶陷量与溶陷系数都较大,总溶陷量在33.34~49.36mm的范围内,根据拟合法计算得出溶陷系数在0.0091~0.013的范围内,根据等效法计算得出溶陷系数在0.024~0.054的范围内。采用等效法确定的溶陷系数进行设计，依《盐渍土地区建筑技术规范》(GB/T 50942—2014）确定DK102+000为中等轻微溶陷，D1K140+500为轻微溶陷，采用等效法确定的溶陷系数进行设计，依《盐渍土地区建筑技术规范》(GB/T 50942—2014）确定DK102+000为中等轻微溶陷，D1K140+500为轻微溶陷。

(2)对于浸水状态下的地基承载力，细颗粒盐渍土地基极限承载力和地基承载力特征值都较小，分别是140kPa和在23.64~70kPa的范围。

因为由于细颗粒盐渍土，粗颗粒含量较少，所起的骨架作用减弱，在长时间的浸水状态下，水使土中的结晶盐溶解，强度降低，并且渗透作用带走了土体中的部分颗粒，形成潜蚀，使土体间空隙变大，在附加荷载作用下发生溶陷变形，以致在浸水条件下，溶陷量较大且地基极限承载力与承载力特征值较小。

(3)对同为黏性土类细粒盐渍土的DK102+000和D1K140+500试验点，由于地层含盐量不同(DK102+000位于盐湖，DK140+500位于当地农田)，导致其总溶陷量与溶陷系数相差较大，DK102+000与D1K140+500试验点总溶陷量分别为49.36mm和31.88mm，根据拟合法计算出的溶陷系数分别为0.013和0.0091。根据等效法计算出的溶陷系数为0.054和0.024，表明对于细颗粒盐渍土，易溶盐含量是影响溶陷变形的重要因素。采用等效法确定的溶陷系数进行设计，依《盐渍土地区建筑技术规范》(GB/T 50942—2014）确定DK102+000为中等轻微溶陷，D1K140+500为轻微溶陷。

3.9.3 含石膏层盐渍土溶陷性分析

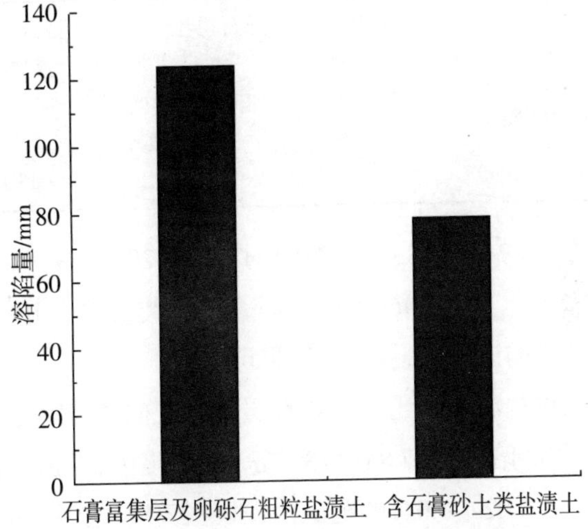

图3-82 不同类型含石膏盐渍土溶陷量

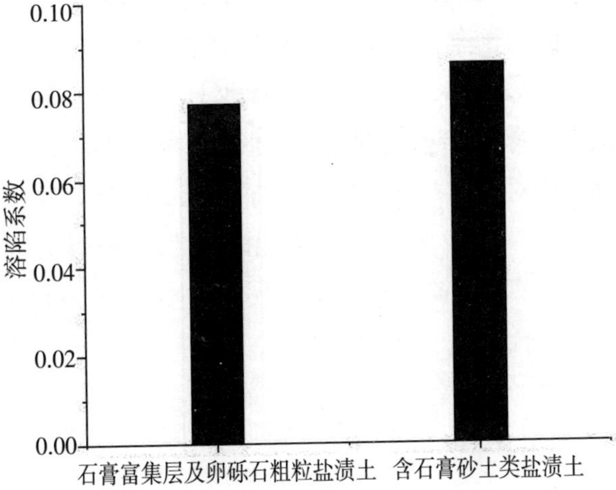

图3-83 等效法确定不同类型含石膏盐渍土溶陷系数

表3-91　不同类型含石膏盐渍土承载力值

	石膏富集层及卵砾石粗粒盐渍土	含石膏砂土类盐渍土
极限承载力(kPa)	240	220
承载力特征值(kPa)	120	110

根据图3-82、图3-83和表3-91对DK79+200(石膏富集层及卵砾石粗粒盐渍土)和GK46+000(含石膏砂土类盐渍土)两处的试验点为含石膏层的试验点,从试验结果可以看出:

与细颗粒盐渍土相比，含石膏层盐渍土的总溶陷量与溶陷系数都较大,总溶陷量在77.84~123.87mm的范围内,根据拟合法计算的溶陷系数在0.022~0.041的范围内，根据等效法计算的溶陷系数在0.086~0.123。按等效法确定溶陷系数均判定为强溶陷性。地基极限承载力与承载力特征值较大，分别在220~240kPa和110~120kPa的范围内。且总溶陷量Δs呈现出ΔsDK79+200(石膏富集层及卵砾石粗粒盐渍土)>ΔsGK46+000(含石膏砂土类盐渍土)的变化规律,说明地层中石膏含量越高,对溶陷变形的影响越大。

这是因为对于含石膏层盐渍土,石膏层遇水溶解软化,在附加荷载作用下塌溃压缩,使其发生剧烈溶陷变形,石膏层压密后,由于地层本身密实度较高所致。

3.9.4　综合分析

(1)溶陷性分析

表3-92 不同类别盐渍土溶陷特征

		粗颗粒盐渍土	细颗粒盐渍土	含石膏层盐渍土
溶陷量/mm		1.24~15.95	33.34~49.36	77.81~123.87
溶陷系数	拟合法	0.000264~0.0035	0.009~0.013	0.022~0.041
	等效法	0.000564~0.01	0.024~0.054	0.086~0.123
溶陷性		否	是	是

以上通过对试验点分类分析得表3-92，可以看出在盐渍土地区，对于粗颗粒含量高的地层(DK77+987、DK82+851、GK4+050)，由于其骨架作用明显，浸水过程中盐晶体的溶解对地层的溶陷作用不明显，表现为该地层不具有溶陷性。反之，对于细颗粒含量高的地层（DK98+400、DK102+000），由于盐晶体所起的骨架作用显著，浸水过程中盐晶体的溶解对地层的溶陷变形明显，表现为该地层具有溶陷性，而对于含石膏层盐渍土，石膏层遇水溶解软化，在附加荷载作用下塌溃压缩，使其发生剧烈溶陷变形，所以地层的颗粒级配及是否含有石膏层对溶陷量Δs有重要影响，呈现出Δs含石膏层盐渍土>Δs细颗粒盐渍土>Δs粗颗粒盐渍土的变化规律，且粗颗粒盐渍土表现出不具有溶陷性的特点。

(2)浸润范围分析

表3-93 试验点浸润范围

类别	试验点位	浸润最大宽度(m)
粗颗粒盐渍土	GK4+050	20.0
	GK46+000	8.5
细颗粒盐渍土	D1K140+500	4.0

考虑工程实际，选取了具有代表性的粗颗粒盐渍土试验点GK4+050和GK46+000与细颗粒盐渍土试验点D1K140+500进行现场挖槽，选取测点后测定该点土体含水率，与天然含水率比较后确定浸润范围的办法，确定了D1K140+500、GK4+050、GK46+000三个试验点处的浸润范围得表3-93，从试验结果可以看出：

属砂土类粗粒盐渍土的GK4+050和GK46+000试验点浸润最大宽度分别为20m和8.5m，表明对粗颗粒盐渍土浸润宽度范围为8.5~20m；属黏性土类细粒盐渍土的D1K140+500试验点浸润最大宽度为4m，呈现出粗颗粒盐渍土的浸润宽度大于细颗粒盐渍土的特点。

这是由于砂土类粗粒盐渍土的GK4+050和GK46+000试验点，粗颗粒含量相对较多，土体孔隙率较大，水的渗透系数较大，致使渗透影响范围较宽；而对于黏性土类细粒盐渍土的D1K140+500试验点而言，土体细颗粒含量较高，土体孔隙率较小，地层密实，致使渗透系数较小，渗透影响范围有限。

4 参考文献

[1] 陈再.硫酸盐渍土路基盐胀防治机理研究[D].中南大学,2014.

[2] 徐学祖,王家澄,张立新等.土体冻胀和盐胀机理[M].科学出版社,1995,126.

[3] 高江平,杨荣尚.含氯化钠硫酸盐渍土在单向降温时水分和盐分迁移规律的研究[J].西安公路交通大学学报,1997,3(17).

[4] 邓发生,蒲毅彬,周成林. 冻结过程对盐渍土结构变化的试验研究[J].冰川冻土,2008,(04):632-640.

[5] 赵天宇. 内陆寒旱区硫酸盐渍土盐胀特性试验研究 [D]. 兰州大学,2012.

[6] 王俊臣.新疆水磨河细土平原区硫酸(亚硫酸)盐渍土填土盐胀和冻胀研究[D].2005a,100-103.

[7] 张立新,徐学祖,陶兆祥.含硫酸钠冻土的未冻含水量[A].第五届全国冰川冻土学大会论文集[C].甘肃文化出版社,1996,693-698.

[8] 徐学祖,奥利奋特 J L,泰斯 A R.土水势未冻含水量和温度[J].冰川冻土,1985,7 (1):1-14.

[9] 刘军柱,李志农,刘海洋等.新疆公路盐渍土路基盐胀力的数值模拟分析[J].公路交通技术,2008,01:1-4+8.

[10] 杨柳,芮勇勤,杨保存.阿拉尔市道路改建工程数值模拟分析[J].公路,2014,07:84-89.

[11] 赵天宇,张虎元,王志硕等.含氯硫酸盐渍土中硫酸钠结晶量理论分析研究[J]. 岩土工程学报,2015,37(07):1340-1347.

[12] 杨劲松. 中国盐渍土研究的发展历程与展望 [J]. 土壤学报,2008,(05):837-845.

[13] 徐攸在,史桃开.盐渍土地区遇水溶陷灾害的治理对策[J].工业建筑,1991,01:16-18.

[14] 赵宣,韩霁昌,王欢元等.盐渍土改良技术研究进展[J].中国农学通报,2016,08:113-116.

[15] 包卫星,李志农,罗炳芳.公路工程粗粒盐渍土易溶盐试验方法研究[J].岩土工程学报,2010,05:792-797.

[16] 柴寿喜,杨宝珠,王晓燕等.含盐量对石灰固化滨海盐渍土力学强度影响试验研究[J].岩土力学,2008,07:1769-1777.

[17] 高树森, 师永坤. 碎石类土盐渍化评价初探 [J]. 岩土工程学报,1996,03:96-99.

[18] 刘永球.盐渍土地基及处理方法研究[D].中南大学,2002.

[19] 吕文学,顾晓鲁. 硫酸盐渍土的工程性质[A].中国土木工程学会.中国土木工程学会第七届土力学及基础工程学术会议论文集[C].中国土木工程学会,1994:3.

[20] 肖正华,沈麟曾.人工灌注氯化钙治理硫酸盐渍土路基病害[J].路基工程,1990,(01):23-26.

[21] 罗从双.祖厉河流域水——土盐化及苦咸水淡化研究[D].兰州大学,2010.

[22] 何淑军.克拉玛依机场溶陷性地基处理试验研究[D].中国地质大学(北京),2006.

[23] 铁道部第一勘察设计院.铁路路基设计规范(TBJ-85)[S].北京:中国铁道出版社,1995.

[24] 虎啸天,余冬梅,付江涛等.盐渍土改良方法研究现状及其展望[J].盐湖研究,2014,02:68–72.

[25] 梁俊龙.内陆盐渍土公路工程分类研究[D].长安大学,2010.

[26] 王建.盐渍土工程性质分析[J].交通标准化,2010,11:140–143.

[27] 杨劲松.中国盐渍土研究的发展历程与展望[J].土壤学报,2008:(9):837–845.

[28] 温利强.我国盐渍土的成因及分布特征[D].合肥工业大学,2010:12–13.

[29] 徐攸在.确定盐渍土溶陷性的简便方法[J].工程勘察,1997,(01):21–22.

[30] 王清,刘宇峰,刘守伟等. 吉林西部盐渍土多场作用下物质特性演化规律[J].吉林大学学报(地球科学版),2017,47(03):807–817.

[31] 付腾飞. 滨海典型地区土壤盐渍化时空变异及监测系统研究应用[D].中国科学院研究生院(海洋研究所),2015.

[32] 史海滨,赵倩,田德龙等. 水肥对土壤盐分影响及增产效应[J]. 排灌机械工程学报,2014,32(03):252–257.

[33] 姜城,孙敏,董娜等. 面向远程监控的无人机视频地理信息增强方法[J]. 测绘通报,2014,(11):28–32.

[34] 陈光,贺立源,詹向雯. 耕地养分空间插值技术与合理采样密度的比较研究[J]. 土壤通报,2008,(05):1007–1011.

[35] 阎波杰,潘瑜春,赵春江. 区域土壤重金属空间变异及合理采样数确定[J]. 农业工程学报,2008,24(S2):260–264.

[36] 杨贵羽,陈亚新. 土壤水分盐分空间变异性与合理采样数研究[J]. 干旱地区农业研究,2002,(04):64–66.

[37] 阎波杰. 区域土壤重金属空间变异及合理采样数确定[A]. 国家农业信息化工程技术研究中心、中国农业大学、北京农业信息化学会、北

京农产品质量检测与农田环境监测技术研究中心. 国际农产品质量安全管理、检测与溯源技术研讨会论文集[C].国家农业信息化工程技术研究中心、中国农业大学、北京农业信息化学会、北京农产品质量检测与农田环境监测技术研究中心,2008:5.

[38] 章衡. 土壤有机质、速效磷含量的等值图与合理采样的方法[J]. 土壤通报,1989,(03):139-141.

[39] 付明鑫,汤纯斌,沈建萍等. 新疆兵团农场农田土壤养分变异特征及合理取样数量[J]. 新疆农业科学,2004,(02):79-82,130.

[40] 李柳霞,沈方科,赵凤芝等. 柚子园主要土壤肥力属性空间变异及合理取样数研究[J]. 广西农业科学,2007,(04):433-436.

[41] 谢恒星,张振华,刘继龙等.土壤含水量合理取样数目影响因素的试验研究——以烟台苹果园为例[J].干旱地区农业研究,2007,(04):114-118.

[42] 林清火.海南丘陵区橡胶园土壤养分精准管理取样方法研究[D].中国农业大学,2013.

[43] 杨磊,林清火,华元刚等.阳江农场胶园土壤pH值与养分含量相关性分析[J].热带农业科学,2013,33(05):30-32,37.

[44] 林清火,郭澎涛,罗微等.橡胶园土壤全氮和速效钾养分合理取样位置研究[J].热带作物学报,2013,34(02):239-243.

[45] 刘宁.建设生态文明对促进生态文化体系建设具有重要意义[N].中国绿色时报,2007-10-24(004).

[46] GB/T50942-2014.盐渍土地区建筑技术规范[S].北京,2014

[47] 中国科学院南京土壤研究所编制.中华人民共和国土壤图[M].北京:地图出版社,1996.

[48] 王建. 盐渍土工程性质分析[J].交通标准化,2010,11:140-143.

[49] 杨劲松.中国盐渍土研究的发展历程与展望[J].土壤学报,2008:(9):

837–845.
[50] 温利强.我国盐渍土的成因及分布特征[D].合肥工业大学,2010:12–13.
[51] 张远芳,高盟,李传镔. 模糊综合评判法在盐渍土划分中的应用[J].新疆农业大学学报,2006,03:95–97.
[52] 李传镔,张远芳,高盟.基于熵权的模糊综合评判法在盐渍土划分中的应用[J].水资源与水工程学报,2006,05:24–26.
[53] 杨真,王宝山.中国盐渍土资源现状及改良利用对策[J].山东农业科学,2015,47(04):125–130.
[54] 任秀玲，张文，刘昕等. 西北地区盐渍土盐胀特性研究进展与思考[J].土壤通报,2016,47(01):246–252.
[55] 许攸在.盐渍土地基[M].北京:中国建筑工业出版社,1993,41–42.
[56] 宋通海.氯盐渍土溶陷特性试验研究[J]. 公路,2007(12):191–194.
[57] 程东幸,刘志伟,张希宏.粗颗粒盐渍土溶陷特性试验研究[J]. 工程勘察,2010(12): 27–31.
[58] 魏进,杜秦文,冯成祥. 滨海氯盐渍土溶陷及盐胀特性[J]. 长安大学学报(自然科学版),2014(4):13–19.
[69] 杨晓华,张志萍,张莎莎.高速公路盐渍土地基溶陷特性离心模型试验[J].长安大学学报(自然科学版),2010(2):5–9.
[60] 李耀杰,亓振中,杨志刚等.粗颗粒盐渍土溶陷性室内外试验研究[J].工程勘察,2016,44(10):22–27.
[61] 包卫星.内陆盐渍土工程性质与公路工程分类研究[D].长安大学,2009.
[62] 包卫星,李志农,罗炳芳.公路工程粗粒盐渍土易溶盐试验方法研究[J].岩土工程学报,2010.
[63] 华遵孟，沈秋武. 西北内陆盆地粗颗粒盐渍土研究 [J]. 工程勘察,2001.

[64] 张莎莎,杨晓华,张秋美.天然粗粒盐渍土大型路堤模型试验研究[J].岩土工程学报,2012,34(5):6.

[65] 张莎莎,杨晓华,谢永利等.路用粗粒盐渍土盐胀特性[J].长这大学学报:自然科学版,2009,29(1):6.

[66]《盐渍土地区建筑规范》(GB/T50942-2014).

[67]《新疆盐渍土地区公路路基路面设计与施工规范》.

[68]《土工试验方法标准》(GB/T20123-1999).

[69]《岩土工程勘测规范》(GB50021-2001).

[70] 高江平,吴家惠,杨荣尚.盐渍土盐胀特性各影响因素间交互作用规律的分析[J].中国公路学报,1997,10(1):6.

[71] Everett D H. The thermo dynamics of frost damage to porous solids[J]. Trans Faraday Soc.1961,57:1541-1551.

[72] Kang Shuangyang. A model for coupled heat and moisture transfer during soil freezing [J]. Can Geotech J, 1978,15.

[73] Qingbai Wu,Yuanlin Zhu. Experimental studies on salt expansion for coarse grain soil under constant temperature[J]. Cold Regions Science and Technology,2002,34(2).